为什么没人早点告诉我？

Dr. Julie Smith

[英]朱莉·史密斯 著　薛玮 译

中信出版集团 | 北京

图书在版编目（CIP）数据

为什么没人早点告诉我？/（英）朱莉·史密斯著；薛玮译. -- 北京：中信出版社，2022.9
书名原文：Why Has Nobody Told Me This Before?
ISBN 978-7-5217-4445-3

Ⅰ.①为… Ⅱ.①朱…②薛… Ⅲ.①人生哲学－通俗读物 Ⅳ.① B821-49

中国版本图书馆 CIP 数据核字（2022）第 084863 号

Why Has Nobody Told Me This Before? by Dr. Julie Smith
Copyright © Dr. Julie Smith, 2022
Published by arrangement with Rachel Mills Literary Ltd
Simplified Chinese translation copyright © 2022 by CITIC Press Corporation
ALL RIGHTS RESERVED
本书仅限中国大陆地区发行销售

为什么没人早点告诉我？
著者：　［英］朱莉·史密斯
译者：　薛玮
出版发行：中信出版集团股份有限公司
　　　　（北京市朝阳区惠新东街甲 4 号富盛大厦 2 座　邮编　100029）
承印者：　北京通州皇家印刷厂

开本：880mm×1230mm 1/32　　印张：10.5　　字数：189 千字
版次：2022 年 9 月第 1 版　　印次：2022 年 9 月第 1 次印刷
京权图字：01-2022-4593　　书号：ISBN 978-7-5217-4445-3
定价：55.00 元

版权所有·侵权必究
如有印刷、装订问题，本公司负责调换。
服务热线：400-600-8099
投稿邮箱：author@citicpub.com

谨以此书献给马修。

如果我是墨水,那你就是纸张。

我们一起探索这个世界。

目录 CONTENTS

导言   1

第一部分 就是开心不起来怎么办

第一章	如何看待情绪低落	11
第二章	当心情绪陷阱	23
第三章	怎么做才有用	36
第四章	如何把糟糕的一天变成美好的一天	45
第五章	防御，让你不被打倒的力量	54

第二部分 做事提不起精神，没有动力怎么办

第六章	理解驱动力	67
第七章	如何培养动机感	71
第八章	不想做一件事时，怎样才能让自己去做呢	80
第九章	重大的人生改变，应该从哪里开始	92

第三部分 陷入痛苦情绪怎么办

第十章	让情绪全部消失	99
第十一章	如何处理情绪	105
第十二章	如何利用语言的力量	113
第十三章	当你关心的人陷入痛苦时	119

第四部分
无法走出悲伤怎么办

第十四章	理解悲伤	127
第十五章	悲伤的阶段	131
第十六章	哀悼的任务	136
第十七章	力量的支柱	144

第五部分
低自尊人格，经常自我怀疑怎么办

第十八章	如何看待别人的批评与否定	151
第十九章	建立信心的关键	161
第二十章	你的错误不能代表你这个人	171
第二十一章	对自己更"狠"一些	176

第六部分
极度焦虑，整天忧心忡忡怎么办

第二十二章	消除焦虑	187
第二十三章	哪些做法会加重焦虑	192
第二十四章	如何平复当下的焦虑	196
第二十五章	如何处理焦虑的想法	200
第二十六章	对不可避免的事情的恐惧	215

第七部分
压力大到濒临崩溃怎么办

第二十七章	压力和焦虑有什么不同吗	227
第二十八章	为什么减压不是唯一的答案	232
第二十九章	当有益的压力变得有害	236
第三十章	把压力变成动力	242
第三十一章	如何处理必须面对的压力	253

第八部分 觉得人生没有意义怎么办

第三十二章	关于"我只想要幸福"的问题	267
第三十三章	找到最重要的事	273
第三十四章	如何创造有意义的人生	283
第三十五章	关系	286
第三十六章	何时该寻求帮助	303

参考文献	307
延伸阅读	319
附录	321
致谢	326

导言

我坐在诊疗室里，对面是个年轻女子。她很放松地坐在椅子里，跟我说话时手臂摊开，有时自在地摆动两下。第一次面谈时，她很紧张、很焦虑，在接受了十几次治疗后，她的状态与之前大不相同。她看着我的眼睛，点头微笑着说："你知道吗？我明白那很难，但我相信自己能做到。"

我突然感到眼睛一阵刺痛，激动得有些哽咽。我满面笑容地看着她。她已经感受到了自己的改变，现在，我也感受到了。不久前，她刚来我的诊疗室时，对这个世界和她必须面对的一切都感到恐惧。她充满了自我怀疑，害怕一切新的变化和挑战。那天她离开诊疗室时，头稍微抬得高了那么一点点。不过这不是我的功劳。我没有什么神奇的能力，无法治愈别人，改变他们的生活。

她不需要通过多年的治疗来解析她的童年。在这种情况下，像许多时候一样，我的主要角色是一个教育者。我会告诉来访者，心理学领域有哪些研究成果,哪些方法临床验证有效。一旦她理解了这些知识,并学着去使用这些概念和技能,改变就会发生。她开始对未来抱有希望,开始相信自己的力量,并用全新的、健康的方式来面对困难。每一次这么做,都让她对自己处理问题的能力增强了信心。

为了应对接下来一周的生活,我会带着她重温她需要记住的事。她一边点头,一边看着我说:"为什么没人早点告诉我?"

我一直记得这句话,它时常在我的脑海中回响。她不是第一个,也不是最后一个跟我说这句话的人。同样的场景一遍又一遍地重演。他们之所以会来找我,是因为他们认为自己强烈的痛苦情绪是由大脑或者性格缺陷引起的。他们并不相信自己有能力去处理这些情绪。虽然有些来访者确实需要长期的、更深入的治疗,但对大多数人来说,他们只是需要一些知识和方法,比如了解大脑和身体的工作机制,了解如何管理自己的日常心理健康。

我知道,改变的催化剂不是我,而是我介绍给他们的知识。那你也许会问:既然如此,他们还有必要花钱看心理医生吗?只是为了学习大脑的工作机制吗?没错,知识随处都能获取,但在错误信息泛滥的今天,你怎么才能找到对你来说有用的信息呢?

于是,我每天都要在我可怜的丈夫耳边唠叨,告诉他我们应该做点什么。"好吧,尽管放手去做吧,"他终于同意了,"可以拍点视频上传到YouTube(油管)。"

说做就做。我们开始一起制作有关心理健康的科普视频。事实证明,愿意在网络上讨论心理健康的人除了我之外,还有很多很多。不知不觉中，我已经获得了数百万网友的关注，几乎每天都要上传新的视频。但我发现，大部分网友只能通过短视频了解到我所讲授的知识。也就是说，我必须把内容压缩为时长不超过60秒的短视频。

虽然短视频也能吸引网友的关注，也会有网友分享自己的见解，谈论自己的心理状态，但我还是想更进一步。60秒的短视频能包含的内容非常有限，很多细节都被精减掉了，所以我想到要写这本书。这本书里有很多细节性的内容，比如在治疗过程中我是如何讲解心理学概念的，以及如何指导来访者一步一步地去实践。

本书所介绍的方法虽然多是在治疗过程中使用，但并不专用于心理治疗，实际上，它们可以应用在生活中的方方面面。这些方法可以帮助我们度过困难时期，让我们恢复活力。

在本书中，我把作为一名心理学家所学到的知识和经验拆分为几个部分，并把这些宝贵的智慧和实用的技巧汇集到一起——它们不仅改变了我的人生，也改变了很多来访者的人生。通过这本书，你会对自己的情感体验有更清晰的认知，也能学会如何应对。

当我们了解了大脑的工作机制，并且懂得如何以健康的方式来处理情绪，我们就能构建强大的复原力，随着时间的推移，我们就能慢慢找到成长的感觉。

在结束第一次心理治疗前，很多人都希望我能教会他们一些方法，让他们可以用来自行缓解痛苦。因此在这本书中，我并没打算让大家深入探究童年，弄清楚自己是如何变成今天的样子的，以及为什么会出现心理问题。如果你对这个话题感兴趣，可以找些其他相关书籍读一读。

我认为在心理治疗的过程中，我们首先要确保来访者掌握合适的方法来构建复原力，还有忍受痛苦情绪的能力，同时能让自己免于伤害，之后再帮助他们努力治愈过去的创伤。如果你能了解影响自己感受和让自己保持心理健康的方式，你将会获得强大的力量。

这本书就是告诉你如何做的。

这不是一本治疗指南，它更像一个装满了各种工具的工具箱，帮助你完成不同种类的工作。你不可能同时掌握所有工具的使用方法，所以我建议你不要贪多，你现在面对什么样的问题，就挑那一部分看，而且要花些时间，把方法付诸实践。任何一种方法都需要不断练习，才能发挥作用，所以切记要反复实践，不要轻易放弃。盖房子不能光靠一种工具，应对心理问题同样也需要不同的方法。而且，无论这些方法你使用起来有多熟练，也总会遇上更困难的挑战。

我觉得保持心理健康跟保持身体健康一样。如果我们用刻度尺来衡量健康水平，数字0代表的是"没生病，但也说不上非常健康"，0以下则说明健康出了问题，0以上则表示健康状况良好。在过去的几十年里，人们会通过加强营养、增强锻炼的方式来让自己变得更健康，甚至把这当作一种时尚。但直到近几年，人们才开始关注心理健康，开诚布公地谈论心理健康。

不要等到极度痛苦时再拿起这本书。我们应该随时关心自己的心理状态，锻炼自己的复原力，哪怕你现在没有任何心理不适，也不觉得痛苦。如果你能保证身体的营养需求，并通过定期锻炼来增强耐力和肌肉力量，那你的身体就能更好地抵御病毒感染，生病后痊愈得也更快。心理健康也是这样。在你一帆风顺的时候，你也要有意识地锻炼自我觉察能力与复原力，这样在遭遇挑战时，你才能更从容地应对。

如果你觉得书中的某个方法很有用，那么即便情况有所好转，也要继续练习。哪怕你现在已感觉良好，认为自己无须再练习，这些方法也仍然是你的精神滋养。这就像还房贷而不是付房租，你是在为你未来的健康投资。

本书中所介绍的方法都有实证研究的支撑。除此之外，我也亲眼见证了这些方法一次又一次地帮助了很多来访者。希望永在。正确的引导，再加上良好的自我觉察能力，痛苦也能淬炼出力量。

如果你在社交媒体上跟大家分享心理知识或者写了一本心理自助类的书，大部分人会觉得你一定能从容应对各种心理问题。我发现很多心理自助类书籍的作者至今仍然是这个思路。他们觉得，自己必须表现得百毒不侵，好像生活的艰难和不幸不会在他们身上留下任何伤痕。他们认为自己的书能告诉读者一切问题的答案。现在我要揭穿一下真相。

我是一名心理学家，做过很多相关的课题研究，也接受过专门的培训，学习用心理学理论来帮助或引导他人寻求积极的改变。但我只是个普通人，我所掌握的方法并不能阻止糟糕的事情发生在你身上，它们只能帮助你导航、转弯、承受住打击、重新振作。你仍然会在路上迷失方向，只不过这些方法能帮助你发现这一点，并勇敢地转过身，重新朝着对你来说有意义、有目的的生活方向前进。这本书并不能保证你的人生一帆风顺。这只是一本帮助我和其他人找到解决问题的方法的书。

▪ 目前的最新进展

我不是知晓宇宙全部答案的先知。这本书一部分是我的个人经历的记录,一部分是我给大家的指导。我也一直在探索,怎样才能把各个方面的内容综合到一起。长时间的阅读与写作,再加上与真实的来访者进行交流,更多地了解他人,了解怎么做才能自助和助人,这些都对本书的创作起到了关键作用。直到今天我仍然在这样做。我会继续学习,对我所遇到的人保持好奇心。就像科学家一样,不断提出更好的问题,试图找到更好的答案。这本书里汇集的是我迄今为止学到的最宝贵的东西,它们帮助我和我的来访者在痛苦和煎熬中找到出路。

这本书并不能保证你在以后的生活中每天都有好心情。但当你觉得幸福,却无法确定自己是否真的幸福的时候,这本书会告诉你如何判断。它也会告诉你,要想不断地重新审视自己,找到正确的方向,要想觉察自己,回归健康的习惯,你应该怎么做。

书里的方法虽然都很实用,但只有把这些方法付诸行动,它们才会真的起到作用。每种方法都需要不断练习。假如这一次没效果,那也不要气馁,过段时间再试试。我自己一直坚持这么做,书中的方法都是我亲身实践,验证有效,并且在临床治疗中的来访者也证实有效。这本书对我和对你同样重要。当我需要时,我就会翻开这本书。希望你也会这么做。希望书里的所有方法都能帮到你!

就是开心
不起来
怎么办

第一部分

ON
DARK PLACES

第一章

如何看待情绪低落

每个人都有情绪低落的日子。

每个人。

但情绪低落的频率与严重程度却因人而异。作为心理学家，我发现有太多的人被情绪低落所困扰，却又不愿意告诉别人，他们的朋友和家人对此也一无所知。他们会掩饰、回避自己的情绪，一味地去满足别人的期待，直到多年以后才会向心理治疗师寻求帮助。

他们总是觉得自己做错了什么，喜欢拿自己跟那些看上去一切都好的人做对比——那些人精力充沛，笑口常开。他们相信，有些人天生就是如此，幸福就是一种人格类型，你要么是这种类型，要么不是。

如果把情绪低落看作大脑的缺陷，是我们无力改变的事实，那我们只能掩盖这一缺陷。我们每天做着该做的事情，该微笑时就微笑，但却总是感到空虚，因为低落的情绪仍然在影响着我们，让我们不能像别人那样随心所欲地享受生活。

大家不妨留意一下自己的体温。你也许会觉得很舒适，也许会觉得太热或太冷。体感的冷热变化不仅是生病或感染病毒的标志，也是你所处的环境的体现。也许平时你会穿上夹克保暖，可今天忘穿了；也许天空乌云密布，开始下雨了；也许你肚子饿了、口渴了。当你一路小跑去赶公交车时，你会发现身子暖和起来了。体温受内部环境和外部环境的双重影响，事实上，我们有能力调节自己的体温。情绪也是如此。情绪低落往往是内部和外部环境的某些因素共同影响的结果，如果我们能了解这些影响，我们就可以把影响往我们期望的方向引导。就跟调节体温一样，有时你只要多穿件外套，赶公交车时跑上几步，就不会觉得冷了。除此之外，还有很多办法。

我们对于自己情绪的影响能力远超过自己的预期。这一点不仅得到了科学的证实，很多人在心理治疗的过程中也有所发现。这意味着我们可以主动谋求幸福，掌控自己的情绪健康。这一点也提醒了我们，情绪并不是一成不变的，情绪无法定义一个人，情绪不过是每个人体验到的感受。

但这并不是说，我们可以彻底根除情绪低落和抑郁。人的一生都难免经历艰辛、痛苦和失去，这些会反映在我们的身心健康上。这就意味着，我们要找到一些有用的方法，给自己打造一个工具箱。我们越是勤加练习，就越能熟练使用。这样一来，当我们因为生活中出现的困扰而情绪低落时，我们总能找到办法应对。

这个工具箱所涵盖的概念和方法适用于我们所有人。研究表明，它们对抑郁症患者也有帮助，但它们并不是处方药，也不用严格控制剂量。它们就是生活的技能。当我们产生大大小小的情绪波动时，就可以使用这些工具。对于那些长期患有严重心理疾病的人来说，在专业人士的帮助下学习这些技能也是最佳选择。

▪ 情绪是如何产生的

能好好睡一觉真是太幸福了！可是现在，闹铃声吵得我耳朵疼，我真是恨死那个声音了。这股冲击波让我猝不及防。我按下闹铃，又躺了回去，准备再睡一小会儿。我的头很疼，心情很烦躁，闹铃再次响起的时候，我又一次按了下去。唉！可是再不起床，孩子上学就要迟到了，今天还得开会。我闭上眼睛，脑海里浮现出办公桌上的待办事项清单。我感到恐惧、恼怒、疲惫，我今天什么都不想做。

这是情绪低落吗？这种情绪是大脑产生的吗？醒来时我为什么会这样？我们不妨追溯一下：昨晚我加班工作到很晚，等到上床睡觉时，我累得连下楼倒杯水的力气都没有。宝宝夜里醒了两次。我不仅睡眠不足，身体还严重缺水。早上睡得正香时被刺耳的闹铃声吵醒，导致我体内应激激素水平飙升。我的心开始怦怦乱跳，隐约感觉到一种压力。

所有的信号都在向我的大脑传递出信息：我现在感觉很不好！于是我的大脑开始搜寻原因。原因找到了：睡眠不足和脱水造成生理不适，生理不适又引发了情绪的低落。

并不是所有的情绪问题都能归咎于身体脱水，但在处理情绪问题时，一定要记住，它不单单是大脑在起作用。我们的身体状态、与他人的关系、我们的过去与现在、生活条件与生活方式都会影响情绪。我们做或不做的每一件事、我们的饮食和想法、行为和记忆，同样与情绪有所关联。也就是说，情绪不只是大脑的产物。

你的大脑一直在努力理解正在发生的事情，但它能够利用的线索却相当有限。大脑从身体获取信息（比如心率、呼吸频率、血压、激素水平等）；大脑也从每种感官获取信息，也就是我们看到、听到、触摸到、品尝到和闻到的东西；大脑还从行为和思想中获取信息。大脑将这些线索拼凑到一起，并把它们与过去有类似感觉时的记忆联系起来，从而给出建议——对正在发生的事情以及你应该做什么给出最好的推断。这种推断有时会让我们感受到某种情绪或心情。反过来，我们对于情绪的解读和回应方式，又会向身体和大脑发送信息，告诉它们接下来应该怎么做（Feldman Barrett[1]，2017）。所以，说到改变情绪，你需要知道的是，在这个过程中所涉及的所有因素都能决定结果。

---

[1] 莉莎·费德曼·巴瑞特（Lisa Feldman Barrett），美国心理科学协会主席，专注于情绪的开创性研究。她在《科学》《自然神经科学》等专业期刊上发表了200多篇论文，因其在情绪方面的革命性研究荣获美国国立卫生研究院"先锋奖"。——编者注

▪ 情绪低落的恶性循环

很多心理自助类书籍告诉我们要保持正确的心态。那些作者总是说："你的想法会改变你的感受。"但他们往往忽略了关键部分。事情并不是那么简单。实际上，这种作用是双向的。你的感受方式也会影响你脑海里出现的想法，让你更容易产生消极思维，更容易陷入自我批评。而且，即便我们清楚自己的思维模式，当我们情绪低落时，也很难做出改变，而想要做到社交媒体上所倡导的"用积极的心态面对一切"，就更是难上加难。此外，脑海里出现的消极想法并不一定是情绪低落的始作俑者，所以，改变思维模式或许不是解决问题的唯一办法。

思维模式并不是全部。你做了什么，或是没做什么，都会影响情绪。情绪低落时，你也许只想找个地方躲起来，平日里喜欢做的事你也提不起兴趣，索性就什么都不做了。但长时间这样下去，只会让你感觉更糟。我们的身体状态也会陷入同样的循环（见图1）。比方说，你连续忙了几个星期，根本抽不出时间运动，你觉得很累，心情也很差，最不想做的事就是运动。你越是不运动，就越是懒怠、没精神。越是懒怠、没精神，就越不想运动，心情就更差。也就是说，情绪低落会迫使你做一些让情绪更加低落的事。

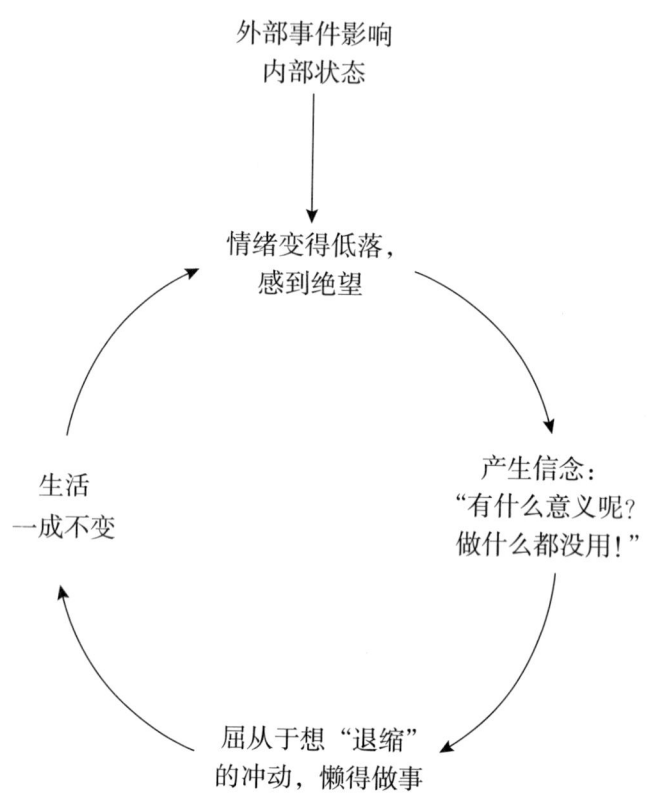

图1：情绪低落的恶性循环——几天的情绪低落是如何演变成抑郁的。如果我们能及早发现并采取行动，就更易打破这个循环。

——改编自吉尔伯特[1]（1997）

---

[1] 保罗·吉尔伯特（Paul Gilbert），英国德比大学临床心理学系教授，著有《走出抑郁》（Overcoming Depression）。——编者注

我们很容易就陷入这样的恶性循环，因为体验的各个方面是互相影响的。不过它在让我们看到我们是如何停滞不前的同时，也给我们指明了出路。

我们的体验是很多因素相互作用的结果，我们不会把想法、身体感觉、情绪和行为拆分开，而是把它们作为一个整体去体验。就像编织好的柳条筐，这一条和那一条都缠绕在一起，在我们看来，那就是个整体。所以我们要学着把各方面的因素拆开看，这样我们会更容易地看到自己能做出的改变。

图2为你介绍了一个简单的方法，可以拆解你的体验。

当我们用这种方法进行拆解时，我们就能意识到，是什么让我们停滞不前，什么对我们有所帮助。

大多数接受心理治疗的人都希望获得不同的感受。他们有不愉快（有时甚至是痛苦）的感受，这是他们不想要的，同时，他们又缺乏充实心灵的情感（比如快乐、兴奋），而这是他们想更多感受到的。我们不可能按下一个按钮，就能产生当天想要的感受，但我们的感受与身体状态、想法和行为密切相关——我们能影响并改变它们。大脑、身体和我们所处的环境之间不断地互相作用，这意味着，我们可以利用它们来影响自己的感受。

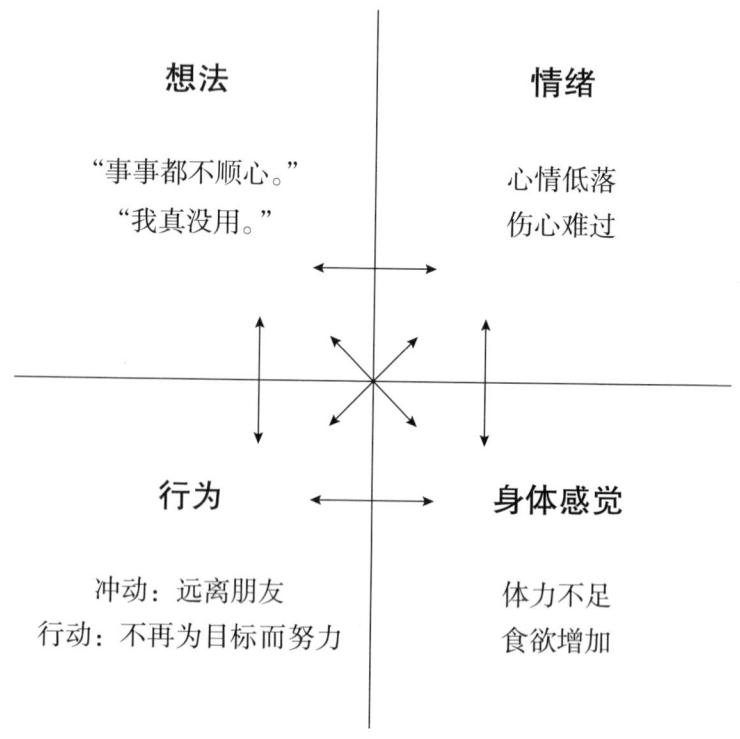

图2：纠结于消极的想法很可能会让人情绪低落，而情绪低落又会催生出更多消极的想法。这张图很好地说明了我们是如何陷入情绪低落的恶性循环的，同时也告诉我们，如何才能走出困境。

——改编自格林伯格和帕蒂斯凯[1]（2016）

---

[1] 丹尼斯·格林伯格（Dennis Greenberger）博士，临床心理学家，美国加州纽波特海滩焦虑与抑郁中心创立者、现任主任，认知疗法学会创始会员、前主席，从事认知行为治疗实践30余年；克里斯蒂娜·A. 帕蒂斯凯（Christine A. Padesky）博士，临床心理学家，美国加州亨廷顿海滩认知治疗中心创立者。——编者注

▪ 从哪里开始

了解情绪低落的第一步是对体验的各个方面建立意识并密切关注。这种意识往往是后知后觉的，我们可以选择一天中的某个时刻回顾当时发生的各种细节，随着时间的推移和不断练习，我们就能在当下注意到它们，这是我们改变现状的机会。

在心理治疗的过程中，我会让情绪低落的来访者主动去觉察身体感觉。他们也许会觉察到身体很疲劳、打不起精神、没有食欲，会觉察到脑子里有这样的想法："今天干什么都提不起劲，我真是太懒了。这样下去肯定一事无成，我太没用了。"他们也会觉察到一种冲动——明明是上班时间，却想躲到卫生间刷一刷手机。

一旦熟悉了你身体和大脑中所发生的一切，你就可以带着主动觉察的意识去观察你周围发生的事情，你在与人相处时发生的事情，以及这些事情对你的内在感受和行为的影响。要花些时间去关注细节：产生这种感受时，我在想什么？我的身体处于什么状态？在产生这种感受之前的几天或几个小时里，我是如何对待自己的？它是一种情绪，还是需求未得到满足而引起的生理不适？类似的问题有很多。有时答案清晰明了，有时则错综复杂，这些都没关系。我们要做的就是继续探索，把自己的体验记下来，从而慢慢建立自我觉察的意识，知道哪些会让情况变好，哪些会让情况更糟。

🔧 工具箱：反思一下，是什么导致你情绪低落

你可以利用十字概念化[1]（见第18页，图2）来练习觉察体验的各个方面，无论是积极的还是消极的。本书的第321—322页附有两张空白图，你可以自己填写。只需留出10分钟时间来反思一下一天中的某个时刻。你会发现，有的象限填起来要容易些。

通过事后的反思，我们可以逐渐培养觉察能力，注意到事情发生时体验的各个方面之间的关系。

💡 试试看：参照下面的提示完成下面的描述性资料，或者只是当作日记来记录也可以。

- 在你反思的那一刻之前发生了什么？
- 在你觉察到一种新的感受之前，发生了什么？
- 当时你有什么想法？
- 当时你的注意力集中在哪里？
- 当时你有哪些情绪？
- 是你身体的哪个部分感觉到的？
- 你注意到身体还有哪些感觉？
- 你出现了什么样的冲动？
- 你有没有将这些冲动付诸行动？

---

[1] 十字概念化（cross-sectional formulation）是个案概念化模式的一个心理学工具，可以帮助来访者理解和探索想法、行为、情绪和身体感觉是如何相互作用的。——编者注

- 如果没有，那你是怎么做的？
- 你的行为是如何影响情绪的？
- 你的行为是如何影响你的想法以及对当时情况的看法的？

本章小结

- 情绪有起伏波动很正常，没有人能一直开心。但我们不能被情绪控制，而应该去做一些有帮助的事情。

- 情绪低落并不是大脑出了问题，更可能是因为需求没有得到满足。

- 我们生活中的每一刻都可以拆解成体验的不同方面。

- 这些方面相互影响，向我们展示了我们是如何陷入情绪低落（甚至是抑郁）的恶性循环的。

- 我们的情绪是通过那些我们能影响的事情构建的。

- 情绪没有开关，我们也无法选择情绪，但我们可以利用可控的东西来改变自己的感受。

- 使用十字概念化这个工具（见第18页，图2）来培养觉察能力，注意哪些因素会影响我们的情绪，让我们深陷其中。

第二章
当心情绪陷阱

▪ 快速缓解的问题

　　情绪低落会促使我们做一些让心情更糟糕的事情。当我们感到心里不舒服，情绪低落时，自然想回到轻松的状态。我们的大脑已经从过去的体验中了解到，怎样做能快速缓解。我们能感觉到一种冲动，要尽一切努力让负面情绪尽快消失。我们要么让自己变得麻木，要么转移注意力，想回避负面情绪。有些人会酗酒、暴饮暴食，另一些人则会没完没了地看电视、刷社交媒体。这些事情之所以让人欲罢不能，是因为短期内就能看到效果。可是一旦关上电视，退出社交媒体，整个人清醒过来，那种糟糕的感觉又会卷土重来。而且，我们每经历一次这样的循环，这种感觉就会更强烈。

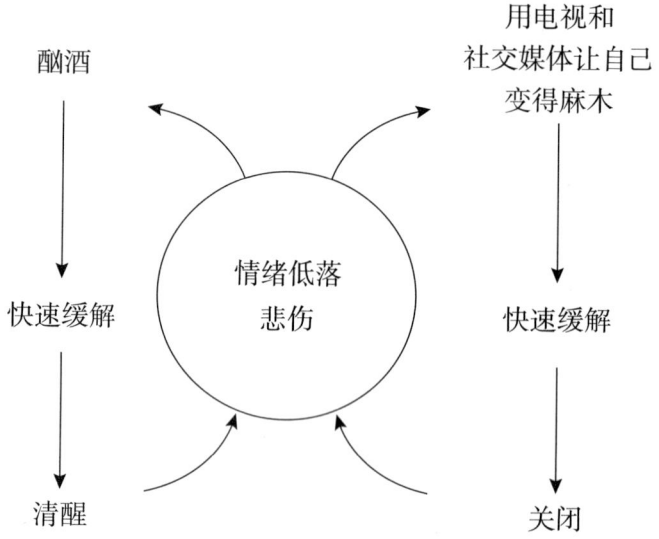

图3：快速缓解的恶性循环
——改编自伊莎贝尔·克拉克（Isabel Clark）的作品（2017）

要想找到管理低落情绪的方法，我们需要反思自己应对这些情绪的方式，深层次地理解人类对于情绪缓解的需要，同时也要诚实地面对自己，清楚哪些应对方法从长远看会让情况更糟。能获得最好的长期效果的方法往往不会立刻见效。

💡 **试试看**：根据下列提示问题来反思自己情绪低落时的应对策略。

· 情绪低落时，你会作何反应？

· 这些反应是否能快速缓解痛苦和不适？

· 从长远来看，它们会有什么影响？

· 它们消耗了你什么？（不是指金钱的消耗，而是指时间、精力、健康的消耗以及是否阻碍你进步。）

▪ 让你感觉更糟的思维模式

在前一章我们讨论过，想法和感受是双向作用的。我们的想法会影响我们的感受，而我们的感受也会影响之后的思维模式。第30页列举了一些当我们情绪低落时经常会出现的思维偏差类型（见表1）。你也许会觉得它们听起来很耳熟，因为每个人都会有不同程度的思维偏差，这很正常，而且，当情绪和情感状态出现波动时，更容易产生思维偏差。理解什么是思维偏差，并留意它们在何时出现，这是减少思维偏差影响的重要一步。

读心式思维（Mind reading）

知道周围人的想法和感受，对我们来说至关重要。因为我们生活在群体中，相互依赖，所以我们需要花时间去猜测别人的想法和感受。但情绪低落时，我们更倾向于认定自己的猜测是对的。"朋友看我的眼神很奇怪，我就知道她讨厌我。"可如果换个心情好的日子，你可能会更好奇到底发生了什么，你甚至会直接问她为什么要用那样的眼神看你。

你也许注意到，当你情绪低落时，你更需要他人的肯定与安慰。如果没有得到额外的肯定与安慰，你就会自动假定别人对你有负面的看法。但这其实是思维偏差，对自己最苛刻的人很可能就是你自己。

过度概化（Overgeneralization）

当我们和低落的情绪抗争时，只要有一件事出问题，就能毁掉我们的一整天。比如，早上你把牛奶打翻了，这件事将一直阴魂不散。你担心会因为这件事迟到，又紧张又懊恼。如果我们认为一件事就代表了"今天会是怎样的一天"，这就是过度概化。你会觉得没有什么事称心如意，而且一直如此。你恳求老天爷放过你，因为你认定他今天就是在和你作对。

当这种情况发生时，我们就会预想有更多的倒霉事发生在自己身上，并很快陷入绝望的境地。当我们因分手而痛苦时，尤其容易出现过度概化思维。我们的想法会给出暗示——我们没有能力维持亲密关系，跟谁在一起都不会幸福。有这样的想法并不奇怪，但如果不加以控制，它将会带来更多的痛苦和低落的情绪。

自我中心思维（Egocentric thinking）

当我们生活不顺、状态不佳时，我们会缩小自己关注的范围，很难考虑别人的意见、观点与不同的价值观。这种偏差会给人际关系带来一些问题。比方说，你给自己定的规矩是"做任何事都必须准时"，然后你会用这个规矩来要求别人，要是有人没做到，你就感到很受伤、很生气。这可能会让你对别人的容忍度降低，心情也更糟糕，你们之间的关系也变得更紧张。这就相当于要去控制不可控的事情，最后必然会导致你的情绪进一步低落。

情绪化推理（Emotional reasoning）

想法并不是事实，感受也不是事实。情绪只是信息，可当这些信息足够强劲、足够有力、足够明显时，我们就更容易相信它们是对事实的真实反映。"我感觉到了，所以那一定是事实。"情绪化推理是一种思维偏差，也就是把自身的感受作为判断的依据，尽管有大量证据表明事实并非如此。举个例子：考完试，你走出考场，像泄了气的皮球一样，情绪非常低落，完全失去信心。情绪化推理告诉你，你一定考砸了。但实际上，你可能考得还不错，可你的大脑从你的感受中获得的信息是，你觉得自己非常失败。这种低落的情绪是压力和压力所带来的疲惫造成的，而这种感受又会影响你对当前情况的解读。

选择性注意（The mental filter）

人类的大脑有个特点：一旦你选择了相信什么，大脑就会扫描周围环境，寻找能够证明这个信念的线索。如果有什么信息与我们的信念相悖，那就对我们构成了心理上的威胁。事情会突然变得不可预测，让人感觉不安全。因此，大脑会选择忽视这样的信息，并保留与之前的体验相符的信息，即使这种信息会带来痛苦。所以当你遇到困难、情绪低落、觉得自己一败涂地时，大脑就会像滤网一样，把其他暗示信息全过滤掉，只保留那些暗示你未能达到预期的信息。

比如，你在朋友圈发了张照片，有很多人给你点赞，也有很多正面评价。可你的关注点不在这里，对这些信息你只是一扫而过，转而去重点关注有没有负面的评论。一旦发现有负面评论，你就会花好长时间反复琢磨，觉得很受打击，并产生自我怀疑。

从进化的角度来看，当你感到脆弱时，你会格外注意有没有威胁的迹象。如果你想走出黑暗，一定要注意避免选择性注意的思维方式。

必须和应该（Musts and shoulds）

小心那些"必须和应该"！当然，这不是指我们应当承担的那些责任和义务，我指的是让我们陷入不快乐的恶性循环的过度期望：*我必须做得更好，我应该那样去想。*

"必须和应该"这种思维和完美主义密切相关。比如说，如果你认为自己绝对不能失败，那么当你犯错或遭遇挫折时，情绪一定会像过山车一样大起大落。你可以为了成功而奋斗，但同时也要接受失败。当我们给自己设定不切实际的期望时，我们就会被困住。这意味着，只要有任何迹象表明我们可能没有达到预期，我们就会感到痛苦。

所以，一定要当心"必须和应该"思维，当你与情绪对抗时，你就不可能用最好的状态去做事，这对你也没有任何帮助。

非此即彼思维（All-or-nothing thinking）

也叫非黑即白思维，它也是思维偏差的一种，如果听之任之，只会让情绪更糟。这种思维方式就是以绝对和极端的方式进行思考——"我要么成功，要么就是彻底失败；如果我不漂亮，那肯定就是丑；早知道我会犯错，当初我就不该去做"。在这种两极化的思维方式里，没有中间地带，但中间地带往往更接近事实。这种思维模式会让一切都变得困难，因为它让我们更容易受到强烈的情绪反应的影响。比方说，只是一次考试不及格，你就认定了自己是个失败者，那么随之而来的负面情绪会更极端，也更难摆脱。

人在情绪低落时更容易以两极化的方式思考。重要的是，我们得明白这并不是大脑出了故障。当我们处于压力状态时，非此即彼思维会让我们觉得世界是确定的、可预测的。但这样我们就无法更理性地去思考问题，权衡事情的所有方面，从而无法做出更明智审慎的判断。

表1：思维偏差的种类及实例

思维偏差	定义	实例
读心式思维	对他人的想法和感受做出假设。	"她这段时间都没联系我，肯定是不喜欢我。"
过度概化	用一件事来概括其他事情。	"我这次考试不及格，这辈子就算完了。"
自我中心思维	想当然地认为别人的观点和价值观跟自己的一样，并通过这样的视角去评判他人的行为。	"换成我，我绝不会迟到。很明显，他根本不在乎我。"
情绪化推理	认为自己感受到的一定是事实。	"我很内疚，我不是个好妈妈。"
必须和应该	过度且不切实际的自我期待会让人每天都觉得自己很失败。	"我必须做到完美。""我做什么都应该全力以赴。"
非此即彼思维	以绝对和极端的方式进行思考	"要是做不到百分百，那就是失败。""如果我没打扮好，就不出门。"

▪ 如何应对思维偏差

现在你知道了，一些常见的思维偏差会让人的情绪更糟，那接下来怎么办呢？我们虽然无法阻止这些想法，但可以看清楚它们的本质，并有意识地调整自己的应对方式。如果你能认识到，你的每一个想法，其实是众多想法的一种呈现，你就能用开放的心态去看待其他的想法，这样你最初的想法对你的情绪状态就没有那么大的影响力了。

要想按自己希望的方式来应对思维偏差，首先我们得注意它是什么时候出现的。要后退一步，看清楚它是一种偏差，否则我们就会误以为它是对现实的真实反映，从而助长低落的情绪，影响我们下一步的行动。

需要注意的是，虽然思维偏差看起来很简单，也很明显，但要觉察到它并不容易。当你处于那一刻的时候，你体验到的可不仅仅是显而易见的一个想法，同时还伴随着各种各样的情绪、身体感觉、印象、记忆和冲动。我们已经习惯开启"自动驾驶"模式，要想停下来检查某个过程中的诸多细节，需要大量的练习。

下面所列出的方法可以帮助你发现思维偏差以及它给你带来的影响。

▪ 如何开始

· 人在情绪激动的状态下很难冷静地思考，所以最好等那一刻的情绪过去之后，再对思维偏差进行反思，这样更容易些。你可以先通过回顾建立感知，然后再慢慢培养实时感知的能力。

· 开始记日记，选择特定的时刻（积极的和消极的）去关注。把你当时的想法、你感知到的情绪和伴随而来的身体感觉区分开来。写下你的想法后，可以对照着思维偏差列表，看看当时自己的想法是否存在偏差。

· 如果你现在就有机会把自己的想法、身体感觉和感受记录下来，那就赶快拿出纸笔，付诸行动吧。但在用文字记录时，要尽量让自己与当时的想法和感受保持一定的距离。比如，"我有这样的想法……"或"我注意到有这些感受"，这样的文字能帮助你从当时的想法和感受中抽离，只把它们看作瞬间的、强烈的体验，而不是绝对的事实。

· 如果你有特别信任的朋友，也可以把你容易产生的思维偏差讲给他们听，他们能帮助你及时发现你的思维偏差，并提醒你注意。但这对你们之间的关系有非常高的要求，对方不仅要尊重你、包容你，还要支持你为了改变和成长所做出的选择。能做到与思维偏差对决并不容易，所以你需要仔细规划，确保你的方法有效。

· 要想站在一定的高度去看待自己的想法，正念练习会很有帮助。选一个固定的时间段，把注意力集中在自己的想法上，每天都这样练习。这种正念练习能锻炼出一种能力，让你从自己的想法中后退一步，不带评判地去觉察它们。

▪ 几点提示

在觉察自己的想法时，我们要努力把这种想法看作对世界的一种解读方式，同时也要注意到其他可能的解读方式。发现并认识到普遍存在的思维偏差，能帮助我们做到这一点。

这不是一蹴而就的，需要不懈的努力和持续的练习。有时你可能根本都没发现自己的想法有偏差，有时你不仅能识破它，还能换一种更好的思路。

在寻找其他的解读方式时，总有人想找到最正确的那一种，其实重点不是哪种正确，而是在你把某种想法当作事实接受之前，你要先停一下，认真思考其他观点。一般来说，这有助于你找到一个更平等、更公正、更具有同理心的视角，汇集所有有用的信息进行判断。情绪往往会催生出更极端、更偏激的观点，但生活是错综复杂的，充满灰色地带。在你花时间去思考事情的不同方面时，即便一时没有明确的结论也没关系。关键是你要让自己保持中立，培养接受未知的能力，这样我们才不会被脑海里最先蹦出来的想法所影响，才能有意识地在深思熟虑的基础上做出选择。

举例来说，吃早饭时我不小心把牛奶洒到了地板上，我立刻开始陷入自责——为什么我什么事都做不好？为什么我总是那么不顺？其实这就是过度概化加非此即彼的思维模式的结合。如果我能注意到自己的思维偏差并给它归类，我就有可能降低之后的情绪反应的强度。把牛奶弄洒当然不是值得高兴的事，但我们的想法带来的影响会有很大区别——或者是灰心丧气几分钟，或者是一整天都情绪低落。和本书所介绍的其他方法一样，这种方法也是说起来容易，做起来难。它离不开大量的练习，而且即使练习了，我们也做不到所向披靡。但它确实会有所帮助——至少能阻止小情绪变成大爆发。

本章小结

- 思维偏差是不可避免的，但对其负面影响，我们并不是无能为力。

- 我们会自然而然地寻找证据来证实自己的看法，并坚定地相信它，尽管有很多其他证据表明这种看法并不正确。

- 无论情绪低落是由什么引起的，都会让我们将注意力集中在威胁与消极因素上（Gilbert，1997）。

- 如果我们持续关注这些因素，并把它们当作事实，那么这种负面偏见就会作用到我们身上，加剧情绪低落。

- 对抗这种恶性循环的策略就是要弄明白，感受并不能作为证据，它不能证明你的想法就是事实。

- 另一个策略是保持好奇、探究的态度。

- 通过了解常见的思维偏差类型，和这些想法保持距离，注意它们可能会在什么时候出现，时刻记住它们只是偏见，不是事实。

第三章

怎么做才有用

▪ 保持一定的距离

在1994年上映的电影《变相怪杰》(The Mask)中，金·凯瑞扮演一位名叫斯坦利的银行出纳员。他偶然在河边捡到一副北欧神话中恶作剧之神洛基的面具，出于好奇，他戴上面具，没想到面具紧紧地箍住了他的头，把他吞噬，并改变了他的一举一动。

戴上面具后的斯坦利开始通过面具的视角看世界，丧失了自己的观点和判断。但如果他拿下面具，和它保持一点距离，面具就会失去力量，无法改变他的感受和行为。其实面具仍然在那里，但就是这一点点距离让斯坦利看到，它只是一副面具，并不是他自己。

情绪低落时，那些消极想法也会以这种方式吞噬我们。大脑从身体那里感知到事情不顺利，并提供很多理由来解释为什么会这样。在你还没意识到的时候，大脑中就已经充斥着消极的、自我批评的想法。如果我们沉浸在这些想法里，任由其将我们吞噬，我们的情绪将会越来越差。

所有的心理自助类书籍都告诉我们要积极思考，却没告诉我们这样一个事实：我们无法控制大脑里出现的想法，我们能控制的只是想法出现后，下一步怎么做。

应对这些想法和它们对情绪的影响的重要技能之一，就是和它们保持一定距离。这听起来有点困难。这些想法就在你的大脑里，怎么保持距离？但人类有一个非常强大的工具，能帮助我们与想法保持距离，而且是我们恰好需要的距离。这个工具叫"元认知"，就是对你的想法，你的认知活动进行调节和监控。

我们不仅具备思考的能力，也有能力去思考我们正在思考的东西。元认知就是对认知的认知，是从自己的想法中后退一步，与其保持一定的距离，对行为、认知和思考进行观察、感知和评价的过程。如果我们采用元认知的方法，就能减轻消极想法对感受和行为的冲击，自主选择如何去应对，而不是被它们控制和驱使。

元认知听起来很复杂，其实就是注意到你的脑海中出现了哪些想法，并观察它们给你带来的感受的过程。你可以试试暂停几分钟，注意一下你的思绪游离到了哪里，你是如何选择专注于某个想法的，就像斯坦利把面具戴在脸上。你也可以让这个想法掠过，并等待着下一个想法的出现。

任何想法对我们的影响都取决于我们的接受程度——我们有多相信它是真实的、有意义的。当我们用这种方式去观察自己的想法产生的过程时，我们就能看清楚这些想法是什么，不是什么。想法不是事实，而是把个人的观点、判断、体验、记忆、原则、解读以及对于未来的预测糅合在一起的产物。它是由大脑产生的，是我们解读这个世界的方式。但大脑的工作是为你尽可能多地节省时间和精力，这就意味着它总是要走捷径，进行猜测和预测。

正念是一个非常好的工具，能帮助你练习观察你的想法，强化大脑，让你去觉察一个想法，但并不执着于它，而是让它过去，并有意识地将注意力集中在某一处。

▪ 正念：自我探索的心灵"聚光灯"

在上一章，我给大家列举了几种常见的容易导致情绪低落的思维偏差。虽然一些心理自助类书籍告诉你"要积极地思考"，但问题是我们根本无法控制消极想法的到来。当我们努力不去想某些事情的时候，恰恰说明其实我们已经在想了。所以这个方法很不现实。在生活中，几乎每一个人都遇到过困难，要求身处困境的人只能有积极的想法，这未免强人所难，而且给人增添了额外的心理负担。当他们发现自己做不到时，会愈发苛责自己，认为自己很失败。

我们无法记录下大脑里产生的每一个想法，但我们可以选择应对这些想法的方式。

注意力对想法有强大的影响力。你可以把注意力想象成聚光灯，我们的大脑只能处理一小部分信息，而注意力决定了哪些信息会被聚焦。当焦点越窄、越小时，人的注意力就越容易保持，一旦扩大注意力的聚光灯，你会发现很难维持注意力的稳定。如果发现危险、威胁的迹象，你的大脑偶尔也会控制一下注意力。你也可以有意识地改变聚光灯的方向，专门去关注个人体验的某些特定方面。

这不是要你阻止想法的出现，也不是对它们置之不理，而是要有意识地聚焦于某些想法，关注某些想法，并把它们放大，仔细看清楚。

很多接受心理治疗的人都知道自己不想要什么，知道自己想要摆脱什么样的想法和感受，但如果问他们对未来有着怎样的期待，他们都会一下子愣住。原因很简单——他们从未问过自己这个问题。他们的注意力都集中在那些引起他们痛苦的问题上，自然无暇关注自己想要的东西。

我们中的很多人经常问自己想要什么。我们都有必须承担的责任：要服从上级，要还房贷，要抚养孩子。久而久之，我们会发现，幸福并不是自己所期待的那样，却又不知道自己到底需要什么、渴望什么，因为我们从来没有认真想过。

我并不是想说，你只要关注了什么，就一定能实现什么，但要想不偏离正确路线，至少你应该知道自己的方向。

注意力非常宝贵，能帮助我们创造生活体验。因此，如果能学会控制注意力的方向，会对你的生活和情绪产生巨大的影响。但是我们都很忙碌，生活被日常的责任和义务裹挟，每天都在重复已经做了无数遍的事情。而我们的大脑又很了不起，它想让我们轻松点，于是就开启了"自动驾驶"模式，也就是说，大部分事情我们都是自动完成的。这也是正念冥想之类的练习如此流行的原因——它能让我们做一些正式的练习。要想学会开车,你得去驾校上课,而正念练习就是管理大脑的驾驶课。有时可能会让你觉得无聊、害怕或厌烦,但它确实能帮助大脑建立新的神经通路,这样当你以后需要使用某些技能时,你可以毫不费力地做到。

最初进行正念练习时,你也许会望而生畏,因为你不知道应该怎么做,做得对不对,练习时又应该是怎样的感受。所以在本章最后的"工具箱"部分,我给大家列举了简单的步骤,提供了相应的指导。其实正念并不复杂,也不是多么深刻的体验,正念练习其实跟在健身房练举重差不多,只不过它锻炼的是我们的"心智肌肉"。"心智肌肉"越发达,控制注意力的能力就越强,管理情绪的能力也就越强。

▪ 如何停止思维反刍

思维反刍(rumination)就像滚筒洗衣机,只不过来回翻滚的不是衣物,而是大脑里的想法,这个过程短则几分钟,长则几小时甚至几天。

现在你已经知道,抑郁的大脑更容易专注于让你感觉更糟的思维偏差。如果这些思维偏差与思维反刍相结合,那你就会产生更强烈、更持久的痛苦。研究表明,思维反刍是造成持续抑郁的关键因素(Watkins & Roberts, 2020)。思维反刍越多,人就会陷得越深,会让已有的悲伤、抑郁情绪加重,持续得更久。

还记得我们之前提到过的神经通路吗？你越不断地重复做某件事，神经通路就越稳固。也就是说，你越是翻来覆去地想痛苦的事情、痛苦的回忆，你就越容易想起这些。你会发现自己掉入了一个陷阱——你一次又一次地触发痛苦悲伤的情绪，不断螺旋下降，直到坠入黑洞底部。

那么，我们能做些什么来阻止这种助长痛苦情绪的思维反刍呢？

当我们试图在当下改变某件事时，单纯通过大脑中的一个构想去重新关注新事物是非常困难的。很多人使用主动导向法，取得了不错的效果。就是当你意识到自己正不知不觉地陷入思维反刍时，就想象有只手从前面使劲推了你一把，冲你喊"快停下"，然后你的身体也赶紧跟着动起来，比如，站起身，换个姿势。也可以找点别的事做，哪怕只是四处走走、出门散步几分钟都可以。活动身体可以帮助你在思维困难的时候转移注意力。

思维反刍会让我们不断回想自己最脆弱、最黑暗的时刻，并影响到我们的身体感觉。当我们找不到出路时，最简单的重新定位的方法就是问自己："状态最好的时候，我会怎么做？"如果你正处于黑暗和抑郁时期，你就不可能像在最好的状态时那样做事。但你可以在脑海中描绘出自己想要前进的方向。如果我正在反复回味生命中一段痛苦的经历，我就会问我自己这个问题。我想我的答案是："我会起来冲个澡，听点让心情放松的音乐，或者做自己喜欢的事情，让自己沉浸其中。"

对于那些容易陷入思维反刍的人来说，独处为思考、回忆和随之而来的痛苦情绪打开了大门，让它们如潮水般涌进来，在脑海中来回盘旋。要让这些想法消失，最有效的办法就是与人交流。朋友和心理治疗师会认真倾听我们的每一个想法，就像在我们面前举起一面镜子，让我们更清楚地看到自己投射在上面的想法，同时又反馈给我们他们注意到的东西。这能帮助我们建立自我意识，并提供提示或线索，让我们停止思维反刍，转而关注对我们的幸福更有帮助的新事物。

▪ 正念

正念是一种我们可以随时尝试培养的状态，它意味着关注当下，集中注意力，不带任何评判地去觉察自己的想法、情绪和身体感觉。虽然正念无法快速去除低落情绪，也无法立刻解决你所面临的问题，但它能锻炼你对体验的一些细节的觉察能力，让你更谨慎地选择应对方式。如果你不知道如何去做，那可能会有点难。正念冥想就像一个健身房，为你锻炼大脑提供了空间，可以让你练习要用到的技能。

怎么做

如果你刚接触正念，那不妨先从引导式冥想（guided meditation）开始。网上能搜到很多可供选择的方法，我在YouTube上也上传了一些。引导式冥想有很多种技巧，每种技巧都依托于自己的传统，但大多数都有一个共同的目的：让头脑变得清晰。所以你可以多尝试几种风格，看看哪种最适合你。

▪ 感恩练习

感恩练习是另外一种培养转移注意力的习惯的简单方法。找个小小的笔记本，每天记录三件值得感恩的事情，既可以是关于你爱的人的重要事件，也可以是这一天中让你感动的小细节，比如当你坐下来工作时，闻到香醇的咖啡味道。你也许会觉得：这也太简单了，真的有用吗？实际上，每次你表达感激之情时，你的大脑都是在练习将注意力转移到创造愉快的情绪状态的事情上。你练习得越多，就越能熟练地在其他情况下运用这个方法。

🔧 工具箱：让感恩成为习惯

·记录三件让你心存感激的事：可以是生活中有意义的大事件，也可以是一天中的小确幸。重要的不是具体的事情，而是锻炼自己有意识地转移注意力。

·花几分钟回顾一下这些事，让自己感受专注于感恩时的感觉和情绪。

·每天一次就可以。感恩练习是一种生活实践，有助于锻炼"心智肌肉"，让你学会有意识地把注意力集中于某个方面，并让你体验到它的积极影响。

本章小结

- 我们无法控制突然出现在脑海中的想法，但我们可以控制注意力的聚焦点。

- 试图不去想某件事，只会让你想得更多。

- 允许所有想法的存在，但要确定哪些想法是值得投入时间和精力的，这对我们的情感体验有很大的影响。

- 正念练习与感恩练习能够训练我们转移注意力的能力。

- 当我们专注于一个问题的时候，也要关注我们前进的方向，以及我们想要如何感受，如何行动。

- 想法不是事实，想法只是大脑给出的意见，帮助我们理解这个世界。

- 一个想法对我们能有多大影响，取决于我们在多大程度上相信它是事实。

- 要从想法中汲取力量，就需要后退一步，与它保持一定的距离（元认知策略），看清它的真实面目。

第四章

如何把糟糕的一天变成美好的一天

情绪低落时，你会觉得连做个简单选择都很困难，但心情好的时候，你可能瞬间就做出决定。是打电话请病假还是看情况再坚持一下？是现在给朋友打个电话还是等好点再说？是吃点健康食品还是吃点垃圾食品让自己开心？

心情不好的时候做决定会出现的问题是，低落的情绪会驱使你去做那些你明知会对你不利、让你感觉更糟的事。然后你就开始纠结什么是最好的决定，并自责为什么没有那样选择。完美主义由此开始露头，它阻碍了你的决策过程，因为每个决定都有其内在的不确定性，每个选择都包括一些你需要承担的消极后果。

应对情绪低落，我们必须专注于做出好的决定，而不是完美的决定。好的决定不一定能产生立竿见影的效果，但会引导你朝着自己想要的方向前进。

人这一生需要不断地做出各种大大小小的决定。在那些危在旦夕的时刻，迅速做出决定并采取行动至关重要。比如你发现自己即将被深水淹没，四周黑漆漆一片，根本无法判断哪个方向通往安全地带，你只知道，如果待在原地，水很快就会漫过头顶。而此时低落的情绪却让你什么都别做。所以说，要积极地去行动，无论多小的行动，都是朝着你所期待的方向迈出有益的一步。

在情绪低落的时候，我们往往根据自己现在的感受和自己想要的感受来做决定，这会让做决定变得更加困难。但如果我们是以对个人的意义与目标为出发点，我们关注的点将不再是情绪，而是建立在个人价值观基础上的决定和行为。情绪低落时，你应该把注意力放在个人的健康价值观上——什么对你的身心健康最重要？应该怎样去生活才能够体现出它的重要性？你现在的生活方式符合你的价值观吗？今天你能做一件什么事，引导你按照你想要的方式来关爱你的健康？

▪ 坚持不懈

当低落的情绪或日常琐事让你觉得不堪重负时，不要给自己设置遥不可及的目标，而应该从一个你确定自己能做到的、小小的改变开始，并且要保证自己能坚持下去。开始你也许会觉得没什么用，这是因为小小的改变不会立刻带来显著的效果和回报，但它的意义却很重大——它为你的新习惯铺平了道路，让你把这个习惯融入你的日常生活，久而久之，它就会成为你的第二天性。所以，要先保持这些小习惯，坚持不懈，缓慢的改变才是可持续的改变。

▪ 情绪低落时，不要责怪自己

谈到应对情绪低落，那就不能不提到自我批评与自我攻击。情绪低落会加重我们的自我批评与自我攻击。告诉别人"不要对自己太苛刻"很容易，但如果他们已经从小养成这样的习惯，仅仅劝他们停止这样做是解决不了问题的。我们无法阻止想法的出现，但我们可以培养觉察想法的能力，并选择积极的应对方式，以减少它们对我们的感受和行为的影响。上一章我讲到如何及时发现思维偏差并与它们保持距离，那些技巧在这里同样适用。这有助于我们认识到，某些想法是带有感情色彩的判断，而不是事实。

想象一个你无条件爱着的人，想象他在用你评价自己的方式评价他自己，你会如何回应他？你希望他能有勇气看到自己的哪一面？你希望他如何与自己对话？

这个方法能帮助我们获得深切的同理心。我们经常对别人表现出同理心，却不记得这样对自己。

自我关怀（self-compassion）不是不切实际的自我放纵，它是你最需要听到的声音，它能给你力量，让你振作起来，而不是把你推向深渊。这个声音诚实、友善，充满鼓励和支持；这个声音很温暖，它为你掸去身上的灰尘，直视着你的眼睛，告诉你可以重新来过。它是父母，是教练，是你的专属啦啦队队长。为什么那些优秀的运动员在比赛间隙需要有人过来给他们加油打气呢？原因就在于他们很清楚语言激励的力量。无论是在拳击赛场、网球赛场、工作会议还是考场上，这个规则都同样适用。

所以，你如何支持、鼓励你爱的人，你就要用同样的方式对待自己，这是我们情绪管理的重要组成部分。

▪ 你想要什么样的感受

应对情绪低落时，我们往往会把注意力集中在自己不想去思考、感受的事情上，这么做也是有意义的。但如果我们想远离自己不想要的东西，更有效的做法是知道我们真正想要什么。

🔧 工具箱：要改变你的感受，你能做些什么

试着填写一下书后附录中情绪低落时的十字概念化图表（第321页），你可以参考图4的示例填写。

当你拆解了导致你情绪低落的想法和行为后，再填一下第50页那张代表"心情好的时候"的状态的图表（见图5），这次先从情绪开始，填上你最希望在日常生活中拥有的情绪，而不是那些低落的情绪。

想法

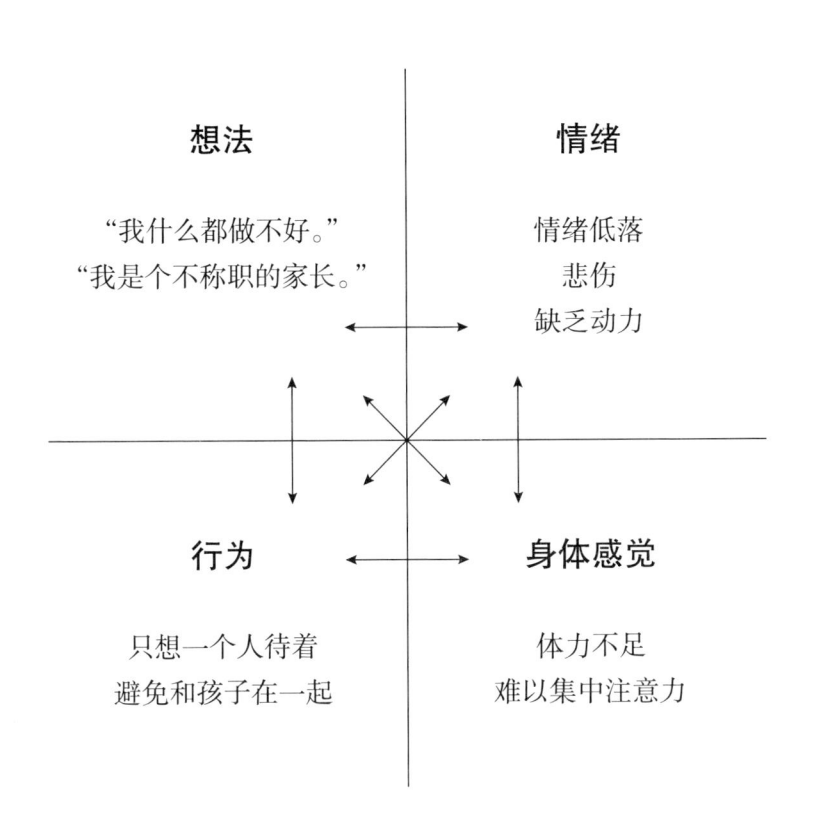

"我什么都做不好。"
"我是个不称职的家长。"

情绪

情绪低落
悲伤
缺乏动力

行为

只想一个人待着
避免和孩子在一起

身体感觉

体力不足
难以集中注意力

图4：情绪低落时的十字概念化示例

想法

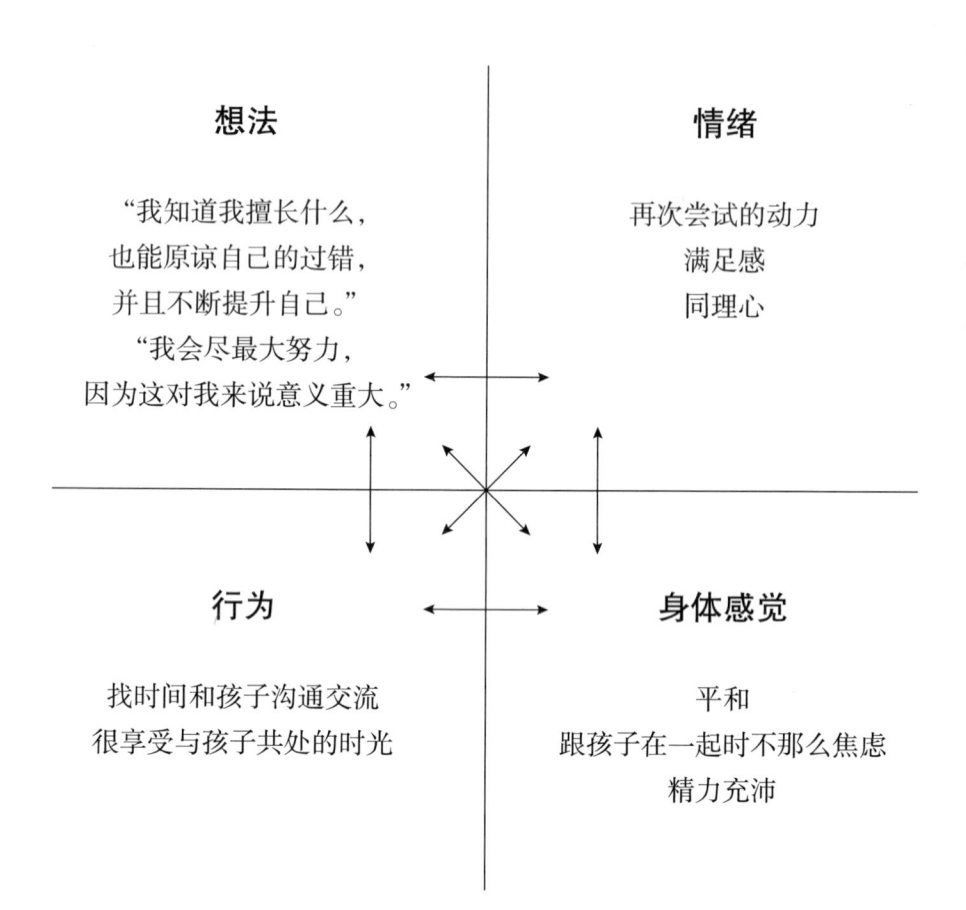

"我知道我擅长什么，
也能原谅自己的过错，
并且不断提升自己。"
"我会尽最大努力，
因为这对我来说意义重大。"

情绪

再次尝试的动力
满足感
同理心

行为

找时间和孩子沟通交流
很享受与孩子共处的时光

身体感觉

平和
跟孩子在一起时不那么焦虑
精力充沛

图5："心情好的时候"的十字概念化示例。你希望有哪些感受、行为和想法？

了解你的身体状态、你思考的焦点和你的行为，都有助于找到你想要的感受。不妨根据下面提示的问题来填写。

· 之前有这种感受时，你的注意力集中在什么地方？

· 想要有这样的感受，需要有什么样的想法，应该怎样自我对话呢？

· 之前有这种感受时，你有什么表现？你做了什么？没做什么？

· 想要有这样的感受，你应该如何对待自己的身体？

· 状态最好的时候，你大脑里有哪些想法？

· 状态最好的时候，你专注于什么？内心的声音是怎样的？

通过回答这些问题，看看它们是否能告诉你，过去哪些做法有用，或者为你提供建议，告诉你哪些事值得关注，你可以做些什么来改变生活。花些时间思考一下怎么做对你有效。

💡 **试试看**（寻解治疗中的奇迹问句[1]）：想象一下，当你合上这本书时，奇迹发生了，一直困扰你的问题全都消失了。

· 表明问题已经解决的第一个迹象是什么？

· 你会有什么不同的做法？

· 你会对什么说"是"？

· 你会对什么说"不"？

---

[1] 寻解治疗是指以寻找解决问题的方法为核心的短程心理治疗技术。面谈过程中会有五组问句，其中奇迹问句是指使用假设性问句引领来访者想象将来问题已经解决的时刻，描述当下情境或自己的行为表现是怎样的。——编者注

- 你会把精神、注意力集中到哪里？
- 你会更多（更少）地去做什么？
- 你会以哪些不同的方式与他人互动？
- 你会以怎样不同的方式构建你的生活？
- 你会以怎样不同的方式与自己对话？
- 哪些事你可以大胆放手去做？

花点时间去探求这些问题的答案，深入思考你曾做过的让日常生活发生改变的小事，哪怕最小的细节也不要放过。这是一项很好的练习，可以让你对前进的方向有更清晰的认知。即使你的问题仍然存在，这样做也能帮助你去探索如何做出改变来改善生活。你做了什么，又是如何做的——这些会反馈到你的身体和大脑，改变你的感受。所以你关注的方向应该是对你最重要的事，以及在问题出现时你想成为什么样的人，这样才能带来情绪的巨大转变。这个技巧能将你的注意力从问题本身转移到问题的解决方案以及前进的方向上。

本章小结

- 我们应该专注于做出好的决定，而不是完美的决定。以"足够好"为标准，会引导你做出真正的改变。完美主义会导致你瞻前顾后，难以做出选择，而要想改善情绪，你必须做出决定，采取行动。

- 改变可以从小事做起，要持之以恒。

- 别人情绪低落时，我们通常会表现得友好、体贴，因为我们知道这正是他们所需要的。所以当我们努力调节情绪和心理状态时，也应该练习自我关怀。

- 明白了这些，你就能以此为出发点，找到自己想要的方向，并专注于脚下的路。

第五章

防御，让你不被打倒的力量

想象一下：世界上最好的足球队上场比赛时没有守门员会怎样？原先完全不会构成威胁的对手现在获胜的机会大大增加了。守门员似乎不像前锋那样让球迷激动万分，但显然我们都低估了他对比赛结果的影响力。

我们很容易忽视自己的基础防御措施。比如，妈妈叮嘱你早点睡觉，多吃青菜，而你只是"嗯嗯"地答应着，一脸不耐烦。基础防御措施就像守门员，只有在他不上场的时候，你才会意识到他有多重要。当我们感觉不好时，我们首先会放弃的就是基础防御措施。我们会疏远朋友，会喝很多咖啡——导致夜里睡不着觉，我们也不再健身。你或许会问，那又能怎样呢？科学研究表明，这样做就相当于你的守门员离开了球场，球门无人防守。

基础防御措施没什么特别之处，不会给我们带来那种买了什么东西就能解决一切问题的感觉。但如果把我们的健康比作银行，那基础防御措施就是存在银行里的现金。当生活给你重创时，基础防御措施能让你不被打倒，即便倒下，它们也能帮助你站起来。

值得指出的是，防御措施不必尽善尽美。没有符合所有人口味的饮食，也没有最佳的社交方式，这些都不是必须完美实现的目标，它们只是生活的基本。守门员跟前锋一样需要支持，因为他们都是比赛胜利的关键，当一个球员出现失误时，另外一个必须要来弥补。防御措施出现问题，并不代表着过错或失败，这是生活中必然会出现的情况。比如，新手父母大多无法保证充足的睡眠，但他们可以更加注意饮食，保持与朋友和家人的联系，这样做将有助于他们在照顾宝宝的时候保持良好的状态。

了解这些防御措施，我们就可以一直关注它们，定期检查，并寻找改进和加强的方法。

如果你觉得这些道理早就听过了，想跳过这一章，我觉得你就更有必要读一读。我们都低估了防御的力量，以至于当我们有压力或感觉不太好的时候，首先就会放弃防御。但这方面的科学研究已经揭示了基础事项的重要性，近年来，这些基础防御措施更是显示出了它们的防御力量，其影响比我们以为的还要深远。

▪ 运动

运动有强大的抗抑郁的作用，无论是对于间歇性的、较为轻微的情绪低落，还是对于重度抑郁症（Schuch等，2016）。对于服用抗抑郁药物的人而言，加强运动会带来更好的效果（Mura等，2014）。

运动会让大脑分泌更多的多巴胺，增加和多巴胺受体的结合（Olsen，2011）。也就是说，它能让你在日常生活中感受到更多的快乐（McGonigal，2019）。因此，找到你喜欢的运动方式，不仅能让你在运动时感受到快乐，也能提高你在生活其他方面的快乐敏感度。

但遗憾的是，一说到运动，我们就会联想到一个为了变美而不得不忍受痛苦的过程。难怪那么多人不喜欢运动。

运动会给身体带来什么样的感觉？长期以来，人们都忽略了这个问题。但新冠肺炎疫情肆虐期间，人们又重新找回了在大自然中运动的快乐。在无法外出旅行的日子里，散步的效果就更加突出。科学证明，运动（注意，不是在跑步机上那种运动，而是在大自然中的运动）对心理有积极的影响。有一项研究以通过认知行为疗法（Cognitive Behavioural Therapy，简称CBT）治疗抑郁症的成年人为被试，结果发现，在森林中接受治疗的小组，其抑郁缓解率比在医院环境中接受相同治疗的小组要高61%（Kim等，2009）。

对于那些不能进行剧烈运动的人来说，较为舒缓的瑜伽动作不仅能改善情绪，还能让身心更快地平静下来（Josefsson等，2013）。

在生活中增加运动量，并不是让你去跑马拉松，或者去豪华的健身房练器械。实际上，你应该从最小的运动量开始，这样才更容易获得动力。一开始你可能都不用出门，可以放自己最喜欢的音乐，在房间里跳跳舞，跳到稍微有点气喘即可。选择能给你带来乐趣的轻松运动，这样才更容易坚持下去。一次锻炼并不能改变什么，重要的是坚持，每次少量的运动会慢慢积累力量，推动生活发生重大改变。

运动不仅能让你情绪高涨，还能通过各种方式对你的身心产生积极的影响。不要光听我说，现在就去寻找一种让你身心愉悦又对健康有益的运动，试试看感觉如何吧。

▪ 睡眠

任何人如果被剥夺足够的睡眠，身心都会受到损害。睡眠与心理健康是双向作用的，如果一个人因为压力、情绪低落、焦虑而出现心理问题，他的睡眠也会受到干扰。几乎可以肯定的是，无论哪种情况先发生，当你的睡眠质量下降时，你的情绪都会变差，你对自己的复原力也会失去信心。睡眠不足会让所有事情都变得异常困难。睡眠对你健康的方方面面都有着深远的影响，所以如果你觉得自己的睡眠质量不太理想，就要花些时间和精力去改善。

如果你长期失眠，我强烈建议你找专家咨询一下。但如果只是想改善睡眠质量，增加睡眠时间，那不妨尝试下面的一些建议。再次强调，我们的目标不是追求完美，你也不必每一条都做到。生活中总会遇到各种情况，会影响你的睡眠。比如，加班工作、长途旅行、家里有新生儿，或者熬夜玩电脑游戏。你要关注自己的睡眠状况，并采取措施让自己尽快回到正轨。

·剧烈运动尽量放在白天，晚上让自己放松下来。

·睡前洗个热水澡，可以让身体达到最容易入眠的温度。

・醒来后的30分钟内要尽可能多地享受自然光。昼夜节律可以调节我们的睡眠模式，而它又会受到光照的影响。室内光线有一定的作用，但室外的自然光是最好的，即便是在阴天。早上起床后最好先到户外待上10分钟。每天要尽可能地多出去走走。

・傍晚时，把灯光调暗。说到电子屏幕，研究表明，影响更大的不是屏幕光线的颜色，而是其亮度。所以晚上应尽量把屏幕亮度调低，并尽早关闭屏幕。

・重要的事在白天抓紧时间处理：做决定、订计划、完成待办清单上的任务。白天做的事情也会决定你是否能睡个好觉。白天解决问题的效率更高，如果我们把问题搁置，拖延处理，那等到晚上睡觉时，这些问题就会突然出现在脑海中。所以，睡觉前不但要把桌子清理干净，也要清空你的大脑。

・有些夜晚，你的头刚一碰到枕头，大脑的开关就好像被打开一样，你开始担心各种事情。我建议你把笔和纸放在床头，当脑海中突然出现第一件担心的事情时，你就把它写下来。只写几个字或要点。对其他担心的事也这样做。这就是你第二天要处理的事情的清单。你向自己保证，明天一定要抽出时间来解决这些问题。这样你就可以暂时放下它们，心无旁骛地入睡。

・人是无法强迫自己睡觉的。睡眠不是一件你可以自主选择的事。当我们创造出一个让身心感到安全和放松的环境时，就能很快入睡。所以，不要总想着得赶紧睡着，而应该专注于放松、休息和平静。剩下的工作就交给大脑来完成吧。

·避免在傍晚和晚上摄入咖啡因。以年轻人为目标客户群的能量饮料通常含有高浓度的咖啡因,会影响睡眠,引发焦虑。

·一般来说,睡觉前最好不要吃太多东西,尤其是含糖量高的"热量大餐"。任何会让你压力水平升高的食物都不利于入睡和保持深度睡眠。

▪ 营养

心理健康和身体健康就好比一个筐上两根缠绕的藤条,一根动了,另一根也会跟着动。近年来,相关领域的科学研究取得了长足的进步,得出这样一个结论:大脑的营养供给会影响个体的感受。

研究甚至表明,提高大脑的营养供给能够极大缓解抑郁症的症状(Jacka等,2017),而且,积极改变饮食方式可能有助于预防伴随年龄增长而产生的抑郁(Sanchez-Villegas等,2013)。

我们的情绪受到几方面因素的影响,所以要从多方面入手来解决问题。我们很容易就能想出给身体提供营养的办法,但目前世界各地的科学研究都表明,没有任何一种特定的饮食能守护好心理健康。传统的地中海饮食对心理健康有益,还有一些饮食也能够降低患抑郁症的风险,比如传统的挪威饮食、日本饮食与盎格鲁-撒克逊饮食(Jacka,2019)。它们的共同点是都包含完整的、未经加工的天然食物,还有健康的脂肪和全谷物。

总之,要解决情绪低落的问题,改善心理健康,首先要注意营养的摄入（如果需要的话，可以学习一些营养学方面的知识）。

不过正如我之前说过的，如果你不能坚持，就不会有任何改变。我们应该经常问问自己"我今天能做些什么，来改善我的营养摄入"，然后每天都坚持这么做。

▪ 日常习惯

对心理健康和复原力至关重要的另一个防御措施就是日常习惯。这可能是最被低估的影响我们幸福的因素，直到新冠肺炎疫情彻底颠覆了很多人的日常生活。

重复和可预测性让我们感到安全，但我们也需要多样性和冒险精神。所以，我们既喜欢按照习惯行事，也希望偶尔打破习惯——最好能做一些愉快、有意义、让人兴奋的事。

人在情绪低落时会打破习惯。比如，为了逃避第二天的工作给你带来的压力，你可能会熬夜刷手机，结果第二天你就会起不来，于是就没有去晨练。再比如，你失业在家有段时间了，每天下午都要小睡一会儿，结果到了晚上反而睡不着。不工作会改变你的社交习惯，也许你好几天都不出门，自然会觉得没必要洗澡，甚至也没有早起的动力。接下来你的食欲会慢慢减退，人也没什么精神，一整天都要靠咖啡撑着……惯例变化的层叠效应就这样显现出来。

这些变化看似微小，但很重要，因为它们累积起来就创造了你的整体体验。你往一个装满水的高脚杯里面倒一滴果汁,也许觉察不出有什么变化;如果再倒几滴果汁,水的颜色就会发生变化;如果再继续倒,慢慢地,水的颜色和味道会彻底改变。因此,你倒进去的每一滴果汁都很重要。

可以说,完美的日常习惯并不存在,每个人都有自己独特的生活环境,关键是要在可预测性与冒险性之间建立平衡:随时注意你的日常习惯是否偏离轨道,并及时调整,这就等于朝正确方向迈出了一大步。

▪ 人与人的连接

照顾好自己的身心很重要,但建立高质量的人际关系,也是我们终身保持良好心理健康最有效的方法之一(Waldinger & Schulz,2010)。

人际关系不好会对我们的情绪和情感状态产生灾难性的影响。反过来,情绪又会影响人际关系。情绪的恶化会破坏人际关系,会让我们觉得与周围的人失去连接,并引发深深的孤独感。

当你情绪低落时,一想到要面对别人,你就会感到疲惫不堪。这就是抑郁设下的陷阱,它让我们退缩,让我们躲起来,在感觉好一些之前不想见任何人。于是,我们就只能等自己好起来。但这么做会让情况更加糟糕。花些时间独处的确能给自己充电,重新注入能量,但也很容易让自己陷入思维反刍和自我厌恶的恶性循环,从而助长抑郁情绪,并使其持续下去。

与其他人待在一起（哪怕你心里并不愿意），观察他们，与他们互动，建立连接，不仅能改善情绪，也能让你不再沉湎于自己的小世界，回到真实的世界。研究表明，良好的社会支持能让人的情绪变得更好（Nakahara等，2009）。

很多人在与低落情绪抗争时，并不愿意把自己的感受告诉别人，他们认为呈现自己不够好的一面会给他人造成负担。但科学研究得出的结论恰恰相反：社会支持对于接受方和提供方都有积极的影响（Inagaki等，2012）。所以，当我们努力挣扎，想要从低落情绪中振奋起来时，我们能做的最有力量的事情之一，就是逆流而上，和那股把我们推向孤立和孤独的强大水流对抗。不要等到有了想与人接触的感觉再去行动，因为我们不会先有这种感觉，我们得先行动，感觉才会随后而至。越是多花时间与他人建立真正的连接，就越能改善你的心理健康。

和别人在一起并不意味着必须谈论自己的感受，实际上，不交谈也没关系。你可以只是静静地坐在那里，注视着他们，对他们微笑；也可以聊聊你愿意和大家分享的事情。情绪低落和抑郁会让我们在与人相处的过程中感到不适和焦虑，我们会过于关注自己的处境，花很多时间自我批评，以至于我们以为别人也在评判我们。你还记得这是哪种思维偏差吗？

虽然有很多想法和感受会阻碍人与人之间的关系，但人际关系又是培养复原力的内在机制。当我们与低落情绪抗争时，人际关系（安全的、高质量的连接）会有所帮助。如果无法与家人或朋友建立这样的连接，不妨向专业人士寻求帮助，让他们指导你在生活中找到并建立新的、有意义的关系。

本章小结

- 守护心理健康的"守门员"为身心健康打下了基础。如果你每天都能照顾好它们,它们一定会给你丰厚的回报。

- 如果你今天只想给自己安排一件事,那就去运动吧。选择你喜欢的运动,这样更容易坚持。

- 睡眠与心理健康是相互作用的。高质量的睡眠对心理健康有益,改变心理状态也会促进睡眠。

- 你给大脑充电的方式会影响你的感受。研究表明,传统的地中海饮食、日本饮食与挪威饮食对心理健康有益。

- 人与人的连接是强化复原力的有力工具。人际关系会改变你的身心状态。

做事提不起精神,没有动力怎么办

第二部分

ON
MOTIVATION

第六章

理解驱动力

当我们用"心理工具箱"来管理生活时,很容易把驱动力当作其中一种工具。但驱动力并不是一种技能,也不是我们生来就有或根本没有的固定的人格特质。

很多人都清楚地知道自己需要做什么,但就是不想做——现在不想做,过后也不想做。有时我们会为了一个目标而热血沸腾,事情也在朝着正确的方向发展,可几天后,这种热血沸腾的感觉就消失了,于是我们又回到了起点。

我们的驱动力会忽高忽低,这并不是因为系统出了故障,而是人性使然。驱动力是一种感觉,就像情绪一样,会来来去去,所以我们不能总是依赖驱动力。那么它对我们的梦想和目标意味着什么呢?

你的大脑时刻关注着你的身体状态,它知道你的心率、呼吸频率、肌肉的紧张程度,对接收到的信息做出反应,并判断要完成现在的任务应该消耗多少能量。我们对感觉的影响力比我们预想的要大,如果我们能改变身体状态，就会对大脑的活动产生影响，而大脑的活动反过来又会影响身体产生的感觉。这就是我们可以利用的优势。

如果我们想克服"懒得做"这样的感觉，可以采用以下两种应对方式：

· 学习培养充满活力和驱动力的感觉，让这种感觉能更频繁地出现。

· 学习如何在没有驱动力的情况下，依然去做符合自己最大利益的事。培养自己做需要做的事情的能力，即使你并不是完全自愿的。

▪ 拖延症与快感缺失

在这里我想说说拖延症和快感缺失的区别。拖延症是一种普遍存在的现象，如果我们需要做的工作引发了应激反应，或者让我们感到厌恶，我们就会拖延。拿我自己来说，虽然我已经制作了数百个教育视频，但如果让我去制作一个很难做好，或者是我完全没兴趣的视频，我就会拖上整整一天，并且找借口说"我得先忙其他更要紧的事"。但实际上，我就是在拖延，因为一想到要拍那个主题无趣的视频，我就想选择回避，或者推迟面对。

快感缺失是另一种情况，是指过去很喜欢的事，现在却体验不到那种愉悦感了。快感缺失与许多心理问题有关，包括抑郁症。当我们有这种感觉时，我们就会质疑：是否还有什么事值得去努力？曾经给我们带来快乐的事现在变得毫无意义，于是我们不再去做那些能让情绪高涨的事，因为我们已经不再有那种欲望。

当你开始回避那些对你来说很重要、很有意义的事情时，自然而然的反应就是等待，等你再次产生这种感觉，等你觉得精力充沛、动力十足、做好准备的那一刻。问题是，这种感觉不会自动产生，我们需要通过行动来创造。什么都不做只会让人更萎靡不振，更有"懒得做"的感觉，会让情况更糟。驱动力是行动的副产品，是你走出健身房时收获的那种美妙的感觉，而不是你刚走进健身房时的感觉。一旦开始做某件事，你的大脑和身体就准备好迎接挑战，你会获得这种充满能量和驱动力的感觉。有时这种感觉转瞬即逝，有时则会持续较长时间，这在很大程度上取决于其他因素——有些因素会助长它，有些则会抑制它。

所以当你开始准备做某件事却缺乏热情，觉得自己"根本不想做"时，你就要改变你的生理和心理状态。我并不是说听听音乐、做点运动就能解决所有的问题，就能改变你的生活，但它们会引发一连串改变你人生方向的事件。如果有什么事是你希望自己去做的，那就行动起来，这样你的大脑才能得到刺激，给你带来快乐和充满驱动力的感觉。

一部分抑郁症患者会出现快感缺失的症状。要找回体验快乐的能力，需要一定的时间，而且可能在很长一段时间里，状态都会起伏不定。这个时候，即便我们没有动力，也要去做那些对我们很重要的事，这样才能重新找回我们曾经感受到的快乐。

本章小结

- 驱动力并不是与生俱来的。

- 那种充满动力，想要去做某事的感觉不会一直存在，所以你不能依赖它。

- 要掌控你的驱动力，就是培养这样一种能力：无论你有多么不想做，你也会自动去做那些对你最重要的事。

- 拖延症通常是为了逃避压力和不适感。

- 快感缺失指的是我们现在无法从过去喜欢做的事中找到乐趣，通常和情绪低落、抑郁症有关。

- 如果有些事对你很重要，同时又对你的健康有益，那么现在就去做，不要等到你想做的时候才行动。

第七章

如何培养动机感

　　动机不仅仅是做某件事的原因，它通常指的是一种充满热情或动力的感觉，就像其他感觉一样，也会起伏不定。有些因素能培养动机感，有些则会抑制动机感。那么，怎么做才能让自己有动机感，动力十足呢？

　　科学研究为我们揭示了一些对大多数人有效的方法，但人与人之间差异很大，所以，带着好奇心来审视自己的生活，发现细节，这非常有意义。毕竟，你无法改变你没有意识到的事情。所以，花点时间观察并记录你要应对的事情，这一点非常重要，能让你更持久地感觉到驱动力。

　　以下是一些能激发你这种感觉的事。

▪ 活动身体

驱动力不是来自大脑某个特定的区域，不是性格中固有的一部分，也不是驱使我们行动的必要工具。它更多时候是行动带来的结果。

但如果你根本没有做运动的动力呢？如果想让运动成为你日常生活中可持续的活动，关键就是要找到一种即使动力不足也可以开始的运动方式。研究表明，即使只做少量运动，也比完全不运动好。任何超过你平时运动量的运动，都有助于提高意志力（Barton & Pretty, 2010）。所以不妨从轻松的、能给你带来快乐的运动开始。这项运动要让你觉得时间过得太快，而不是硬着头皮去完成。运动时你还可以约上朋友，放好听的背景音乐，总之，要想办法让自己每天都期待着去做这件事，而不是畏惧它。

无论是哪种形式的运动，无论强度如何，只要你能动起来，就会产生驱动力。当你完全不想运动时，就得采取与内心的冲动完全相反的行动策略。简单运动一下就能转变你"懒得做"的想法，会对你一天中接下来的精神状态产生无可比拟的影响。只要做到这一点，你就已经为赢得胜利做好了准备。

▪ 与目标保持连接

在心理治疗的过程中，我经常和来访者一起设定目标，并帮助他们找到实现目标的方法。但真正的工作是从事情偏离正轨的时候开始，此时如果没有他人的支持，他们很容易就会放弃。我们需要做的是利用挫折让未来的自己更强大。如果我们能更好地了解失败的原因，相信我们最终能重新走上正轨，那我们就能预测什么时候还会出现类似的情况，未来就可以有意识地避开。

有些来访者说，在预约治疗后他们感到更有动力了，我觉得这是因为他们花时间重新与目标建立了连接。如果我们对正在做的事情失去了新鲜感，那我们很快就丧失动力了。

无论你是在努力改善情绪还是其他方面的健康，与你的目标保持连接都至关重要。因为目标需要不断的滋养，所以我们每天都要回顾自己的目标，或者通过写日记来记录目标。这不会花费你太多时间，早上起床后用一分钟思考一下，为了实现目标，今天你要做哪几件事，然后记下来。晚上睡觉前再简单记录、反思一下今天的经历。写日记不仅容易坚持，也不用占用太多时间——每天最多几分钟，但它能保证你每天对自己负责，并专注于自己的目标。

▪ 大目标，小步伐

如果你设定的任务太繁重、太艰巨，就会让自己产生"懒得做"的感觉，所以我们要从小任务做起，并专注于此。虽然心理治疗能够改变来访者的生活，但这不是一朝一夕就能实现的。我从没见哪个来访者在第二次面谈时就已经是焕然一新的心态，心理问题也得到了解决。每位来访者每次只带着一项任务回家，并专注于完成这项任务。任何人都是如此，我们一次只能专注于一件事，我们那种主动去做自己不想做的事的能力是有限的。

当然，大多数人不会长时间只专注于一件事。我们看到自己的生活需要彻底检修，于是就想一次性来个翻天覆地的改变。我们对自己的期望太高，当我们筋疲力尽、不得不放弃目标时，就会陷入绝望。一旦出现这种情况，我们就不太可能再去尝试了。

如果追求长期目标的驱动力降低，那么在实现目标的过程中时不时给予自己一些奖励会很有帮助。注意，不是外部奖励，而是内部奖励。你认可自己的努力，认为这是值得的，因为你正朝着正确的方向前进，这就是一种情感上的自我奖励。这样做可以推动你再次去尝试，因为你知道，你正在通往你所期望看到的改变的道路上。

当我们认可自己在过程中取得的进步和小小的胜利时，我们就会意识到，我们的努力确实能影响这个世界。知道自己可以通过这种方式获得能动性，我们就会觉得精力充沛，愿意继续努力。因此，我们可以从小任务做起，培养新的习惯，并确保每一个习惯都能坚持下去。你能始终保持健康的行为习惯，这些习惯就会稳定地支撑着你。

▪ 抵制诱惑

有时我们会通过培养驱动力来激励自己采取行动，但做出改变还需要意志力，来抵制诱惑和冲动，因为它们会把我们带向与目标相反的方向。

记得我三四岁时，有一次去爷爷奶奶家玩，我走到花园里，看到爷爷正在修理草坪修剪器。看样子机器出了点故障，于是他把机器倒过来，从刀片中间往外拽草叶。他转身对我说："你想干什么都行，但千万别按那个红色按钮！"

我坐在草地上，身旁就是那台机器的红色按钮，我目不转睛地盯着它。*千万别按。千万别按*。我心想，按一下这个按钮就能发出清脆的"咔嗒"声吗？*千万别按*。看这按钮表面多光滑啊。*千万别按*。就像被磁铁吸住了一样，我伸出手，按下了那个红色按钮。刀片开始转动，发出轰鸣声。幸运的是，那天爷爷一根手指也没少，不过我又学会了几句骂人的话。

事实证明，把注意力集中在不该做的事情上，这个策略根本不管用。但是想要做出积极的改变，我们必须抵制住诱惑。怎么做才有效呢？有一个很重要的因素就是压力管理。当我们的压力水平低，心率变异性高时，自我控制的生理机能是最佳的。心率变异性是指逐次心跳周期差异的变化情况，它能告诉我们每天心率的变化情况。你也许注意到，每天早晨起床时，或是赶公交车时，你的心跳会加速，然后又逐渐回落。也就是说，你的身体会在需要的时候随时做好准备，然后再慢慢平静下来，休息和恢复。但当我们承受巨大压力时，心率可能一整天都很高（心率变异性降低）。

要想抵制住诱惑，最大限度地发挥意志力，我们需要具备让自己的身心平静下来的能力。任何增加压力的事情都会对我们做出明智决策的能力产生负面影响。压力会让我们更容易基于当下的感受去行动，从而阻碍目标的实现。所以，睡眠不足、抑郁、焦虑不安或饮食不健康都会造成心率变异性下降，同时也会让你更难坚持实现目标。无论你是想戒烟、戒掉垃圾食品，还是想用更健康的方式调节情绪，缓解压力和增强意志力，首选策略就是运动。运动既有立竿见影的短期效果，也能产生长期影响（Oaten & Cheng，2006；Rensburg等，2009）。

所以，无论你正在做什么改变，都应该提高运动水平。即使是少量的运动，也能增强意志力，让你坚持下去（McGonigal，2012）。

另外一个对压力管理和理性决策有帮助的重要因素是充足的睡眠。哪怕只是一个晚上没睡好，都会让你第二天的压力增加，难以集中注意力，还会造成情绪低落。自我控制需要能量，如果睡眠不足，大脑获取能量的途径就会减少，容易产生过度敏感的应激反应，让你更难控制自己的行为。

▪ 改变你与失败的关系

失败的可能性会打击我们的驱动力，但这也取决于我们与失败的关系。如果一犯错、事情一偏离正轨，我们就开始进行严厉的自我攻击和无情的自我批评，那我们很容易就会感到羞耻和挫败。如果我们认为失败就意味着自己毫无价值，那么无论接下来要做什么事，都会缺乏动力，于是拖延就成了唯一选择——一件事还没开始做，我们就决定采取拖延战术，以此来保护自己免受羞耻感的心理伤害。

羞耻感对驱动力的帮助没有你想象的大。当我们进行自我批评，产生羞耻感时，常常会觉得自己不够好，有缺陷，感到自卑。当我们有这种感觉时，就很想找个地方躲起来，希望自己能变小，小到别人看不见自己。我们会产生逃跑、回避的冲动，而不是重整旗鼓，再试一次。实际上，这种感觉非常痛苦，会诱导我们产生强烈的冲动去阻止它，对于成瘾者更是危险。所以，如果想要坚持做一件事，并找到持续尝试的驱动力，我们就要仔细思考如何应对过程中的失败。

说到在心理治疗过程中会遇到的阻力，一般就是在我和来访者探讨自我关怀这个问题时，他们会跟我说，"我肯定会失去动力，变得很懒惰""我注定一事无成""我不可能就这么摆脱困境"。多数人惊讶地发现，自我批评更有可能导致抑郁，而不是增加驱动力（Gilbert等，2010）。而自我关怀是在遭遇失败后给予自己善意、尊重和鼓励，真诚地对待自己，这样做会增加驱动力，带来更好的结果（Wohl等，2010）。

💡 **试试看**：如果你还没有意识到自我批评会让你惧怕失败，会对你的驱动力产生负面影响，那改变起来就会更加困难。遇到挫折时，你不妨参照下面的提示问题来反思你是如何评价自己的。

・遭遇失败时，你会怎么批评自己？

・你自我批评时带有怎样的情绪？

・你认为失败就意味着你不够好或无能吗？

・自我批评时，你能觉察到羞耻感或绝望情绪吗？

・你之后会采取什么应对策略？

・这对你最初的目标会产生怎样的影响？

・回想一下，你做某件事失败了，如果有人关心你、鼓励你，那种感觉如何？能帮助你再次尝试并取得成功吗？

🔧 工具箱：如何用自我关怀和责任感来应对失败，让自己回到正轨

回忆一下最近遭遇的一次失败或挫折，然后完成以下练习。

・注意那段记忆给你带来了什么情绪，以及你身体的哪一个部分感受到了它。

・你当时是如何自我批评的？脑海里涌现出了哪些词语？它们是如何影响你的感受的？

・你是如何回应这种感受的？

・试想一下，如果是你爱的人或尊敬的人遭遇了同样的失败，你会以什么不同的方式回应他们？你为什么会对他们表示尊重呢？

・为了让他们回到正轨，你希望他们如何看待自己的挫折？

本章小结

- 虽然我们无法控制动机感，但我们可以做一些事情来让自己更多地体验到动机感。

- 要培养动机感，得先让身体动起来。哪怕是少量的运动，也比完全不运动好，能让你充满驱动力。

- 与目标保持连接有助于持续激发驱动力。

- 从微小而持续的行动开始。

- 在压力环境中学会休息，补充能量，能最大程度地锻炼意志力。

- 羞耻感并不像你想的那样，能够让你产生驱动力。你要做的是改变你与失败的关系。

第八章

不想做一件事时，怎样才能让自己去做呢

无论我们如何努力地减少压力，培养驱动力，驱动力都不会持久，也许出现后很快就会消失，所以我们不能完全寄希望于驱动力。而且，生活中总有我们不想做的事，比如找商家退货、当众演讲或者饭后刷碗。那怎样才能让自己去做这些事呢？

情绪往往伴随着冲动。这些冲动会建议、劝说、鼓动我们，告诉我们怎样做能缓解不适，得到自己期待的奖赏。冲动的力量可能很强大，但我们不能被它控制。

- 相反行为

我小的时候会跟姐妹们一起分享一包薄荷糖，我们几个孩子比赛，看谁能忍住不嚼薄荷糖，谁能含得最久——这个挑战听起来很

容易，但其实很难。有一点是肯定的，每个孩子都有把薄荷糖嚼碎的冲动。想要赢得这场比赛，注意力得高度集中，一旦分心，放松了警惕，你的大脑就会切换成"自动驾驶"模式，那粒薄荷糖也就不复存在了。

如果你玩过这个游戏，就会发现你的意识主要集中在你的体验上。你能够觉察到冲动的感觉，你需要在冲动和行为之间留出空当。如果你能集中注意力，那你就可以选择是听从冲动的召唤还是反其道而行之。在这个游戏中，只需一点参与竞争的好胜心就能让你专注于当前的任务，忍住不嚼薄荷糖。但有时冲动会强烈得多，根深蒂固的行为模式也会让情绪更强烈，我们面临的挑战也要难得多。

做出与冲动相反的行为，也就是选择一种更符合你的目标的行为，是人们在心理治疗中学到的一个关键技能（Linehan，1993）。我们的负面情绪可以通过相反行为得到改善，也就是说，情绪告诉你要做什么，而你有意采取与之相反的做法。当你的情绪反应可能会给你带来伤害时，这个方法特别有帮助。

正念是这个技能的关键组成部分。关注我们的体验以及随之而来的想法、情绪和冲动，让自己暂停足够长的时间，做出明智的决策以及下一步要做什么的计划。这意味着我们的行为是以价值观为主导，而不是被一时的情绪左右。

▪ 刻意练习

获得驱动力的最佳策略就是不要依赖驱动力。我们每天都在做一些事情，无论喜欢与否。比如早上，你不会问自己是否有刷牙的驱动力，因为你早就习以为常，根本不需要想，就会自然而然去做。刷牙已经成了你日常生活中不可或缺的一部分。

现在把你的大脑想象成一片丛林。对于你采取的每一个行动，大脑都要在神经元之间建立连接通路。如果你能长时间有规律地重复这个行为（比如刷牙），那么它就能和某个特定的神经通路对应并产生关联，行为重复的次数越多，相对应的神经通路就变得越宽阔、牢固，大脑就会指挥你自动开始刷牙的程序和动作，完全不需要思考。

但如果你想做一件新的事情，那就必须开辟一条新的神经通路，有时候得从零开始，这需要大量的刻意练习。而且，如果不经常使用这条通路，用起来就会感觉很吃力。每当你有压力的时候，大脑就会自动选择最简单的通路，也就是最常用的那条通路。如果你能尽量频繁地去重复新的行为，并且次数足够多，你就会养成一个新的习惯，当你有需要的时候，就能自动自发地去做了。

如何养成新的习惯呢？在这里我给大家提供几点建议。

· 新的行为要尽可能简单，尤其是在你不想采取行动的时候。

· 要营造一个有利于新行为的环境。刚开始做出改变时，我们不能依赖习惯。

・有必要的话，可以制订清晰的计划，给自己设置提醒。

・将短期奖励和长期奖励结合起来。内部奖励比外部奖励更有效。比起奖杯，我们更需要的是内心的喜悦和自我肯定，知道自己正朝着正确的方向前进。

・弄清楚你为什么要做出这样的改变，为什么它对你如此重要。你可以通过本书第323页的价值观练习来思考这两个问题。让这个改变成为你的一部分身份的象征，从现在开始这就是你的做事方式。

▪ 如何才能长久地坚持下去

多年来，心理学研究一直在质疑"成功完全取决于天赋"这一观点，而且证实了坚毅（Duckworth等，2007），特别是韧性，在我们取得成功的过程中起着至关重要的作用（Crede等，2017）。但我们如何才能培养即使遭遇了挫折也能坚持不懈的毅力呢？

很多人历经痛苦终于意识到，坚持不懈并不是一刻不停歇，直到自己累得筋疲力尽。在努力实现长期目标、做出改变，并将改变变成习惯的同时，我们也得学会从不断努力的压力中解脱出来，休息一下，补充能量。我们不需要一直埋头苦干，或者总是保持精力充沛、斗志昂扬。我们需要倾听身体的声音，暂时停下来，这样才能准备好再次前进。

就像那些优秀的运动员会在训练间隙小睡一会儿、专业歌手会连续几天不说话好让嗓子得到休息一样，我们要认识到，想要长期坚持做任何事，定期休息、补充能量都至关重要。

不过，休息方式不同，效果也不尽相同。大多数日子里，我们都在从事高强度工作，偶尔有些安静、休闲的时间，如果我们利用这段时间查看邮件、浏览社交媒体或者做其他事情，身体和大脑就得不到休息，也无法充电。所以，在下次会议间隙的15分钟里，不要再拿起手机打电话了。何不出去呼吸一下新鲜空气，或者找个地方闭目养神呢？

我们在努力实现大目标的过程中，也要利用一些小的奖励，把一个大的挑战分解成许多小的任务，每完成一项任务就到达了一个里程碑，这时我们就应该奖励自己，这样就能在整个过程中不断获得低剂量多巴胺的刺激。多巴胺不仅会让人觉得快乐、满足，也能驱动我们朝下一个里程碑前进。它能让我们想象到，一旦完成了自己所面临的挑战，那会是怎样的感觉，并激发我们的欲望和热情（Lieberman & Long, 2019）。所以，在整个过程中给自己一些小小的奖励，能重新点燃你对实现目标的渴望，增加你坚持下去的决心。

假设你想比以前跑得更远，那么当你觉得累了的时候，你要告诉自己，马上就要跑到终点了。当你实现这个小目标时，你就在心里鼓励自己，因为你正在朝着正确的方向前进。这种内部奖励会让你的大脑释放出多巴胺，并抑制去甲肾上腺素的分泌。所以，你等于是获得了额外的刺激，它能让你坚持得更久。这与积极的自我对话不同——你所关注的是小的、具体的目标，实现这个目标意味着你正朝着终极目标前进（Huberman，2021）。

如果你觉得现在的任务就像一座大山，你不要抬头望向山顶，而应该缩小注意力的范围，把到达下一个小山脊作为新的目标去挑战。当你到达下一个小山脊时，要允许自己好好地去感受那种向着目标迈进的感觉，然后再继续攀登。

▪ 感恩

实现长期目标需要持续的努力，感恩练习是一个非常有用的工具。把你的注意力转向感恩，会自然产生内部奖励，帮助你补充能量，恢复体力，再次回到努力的状态。一个简单的语言转换，就能把我们的表达转向感恩。比如，把"我不得不去做……"转换成"我有机会去做……"。

正如前文所提到的，我们也可以通过更正式的方式来练习感恩。准备好纸笔，记下每天值得感激的事。这样做是在有意识地转移注意力，从而改变自己的情绪状态。但它改变的不仅仅是当时的情绪，如果我们能经常练习，就是在重复同一行为。如前文所言，重复一个行为的次数越多，以后大脑处理起来就会越不费力，这就相当于每天都在锻炼"心智肌肉"，等将来需要时，我们就更容易以有益的方式思考。

- **做好预案**

在心理治疗过程中，我经常和来访者一起制订危机预案。有些预案是为了保证来访者的生命安全，有些则是为了防止成瘾复发，或者在他们感到脆弱想要放弃时，让他们不要偏离既定目标。你也可以用这个方法来坚持你的计划——先展望自己期待的改变，然后写下所有可能会让你偏离正轨的潜在障碍。针对每一个障碍制订一个行动计划——你应该怎么做才能防止这些障碍让你偏离正轨、放弃目标。要预想到各种情况，让符合你价值观和目标的事尽可能地容易做到，让那些因为情绪冲动阻碍目标实现的事尽量难以做到。比如，你希望每天都能按时起床，就把闹钟放在卧室外面，你既能听到铃声，又不能轻易把闹铃关掉，这样除了起床你就别无选择了。

如果你能预见到可能出现的困难，并有一个适当的方案来应对，那么在你意志薄弱时，你就不必过多思考，也不需要与诱惑或冲动抗争。

- **"这是我现在的样子"——回归你的身份**

在改变的过程中，驱动力会出现起伏。当你缺乏驱动力时，就回归到你想要创造的自我和身份，可以帮助你坚持下去。比如说，如果你认为自己是个注意口腔卫生的人，那不管愿不愿意，你每天都会刷牙，因为你就是这样的人。

我们的身份并不一定完全由早年的经历所决定。我们做的每一件事，都在持续创造和建立我们的身份。如果我们的目标是成为自己想成为的人，甚至更好的人，如果我们能确定我们就想做这样的自己，那么即使动力不足，我们也能按这个目标去行动。

想要了解更多有关如何创造身份的内容，可参考本书第三十三章中的一些方法。

🔧 工具箱：对未来自我的设定会让你做出更好的选择

花些时间想象一下你的未来。如果你能生动细致地想象出你未来的样子，现在的你就更有可能做出有利于未来的选择（Peters & Buchel, 2010）。

设想一下：在未来的某个时刻，你对自己所做的选择有什么感觉？你对什么说了"是"，又对什么说了"不"？这些选择对你的生活产生了怎样的影响？哪些选择和行为让你觉得骄傲？如果能穿越到未来的那一刻，你会关注什么？回首往事，你会怎样看待过去的自己？

▪ 通过辩证行为疗法（DBT）分析利弊

辩证行为疗法是一种心理疗法，能帮助人们找到安全的方式来管紧张情绪。实际上，辩证行为疗法中的某些技巧可以应用到生活中的许多方面，比如在缺乏驱动力时，它们能让我们不偏离目标轨道。下面我就给大家介绍一种技巧。

　　展望自己想要的未来会对我们有帮助，而思考自己不想要的未来同样会有帮助。在心理治疗过程中，一些来访者会花时间详细地分析维持现状和努力做出改变这两种做法的利弊。你可以试着填写下面的表格（见表2）。维持现状需要付出什么样的代价？你值得花时间去面对这个问题和真实的答案。虽然改变势必会带来一定的弊端（我们或许得在努力的过程中忍受痛苦和不适），但与维持现状所付出的代价相比，这些弊端影响不大。当你已经做出积极的改变却又要半途而废，或者偏离目标轨道时，这项练习会非常有帮助。

表2：做出改变与维持现状的利弊

做出改变

利	弊

维持现状

利	弊

💡 **试试看**：建立身份认同需要思考和有意识的努力。你可以拿出纸笔，写出下列问题的答案。如果在积极改变的同时能坚持记录自己的反应，那就更好了。

- 我想要做出怎样的整体改变？
- 为什么这个改变对我如此重要？
- 面对这个挑战，我想成为什么样的人？
- 我应该如何应对这个挑战，才能在我回首这段经历时，无论结果怎样，都会为自己感到骄傲？
- 在这个过程中，我需要实现哪些小的目标？
- 动力不足的时候，我想怎么做？
- 我是否在倾听身体和身体的需求？

本章小结

- 驱动力不是永远存在。

- 我们可以练习与冲动相反的行为，我们要按照自己的价值观做事，而不是根据当下的感受。

- 只要重复的次数足够多，一个新的行为就能成为习惯。

- 要想实现远大的目标，在前进的道路上就必须休息、充电，就像优秀的运动员那样，这非常重要。

- 在实现目标的过程中不断给自己小小的奖励。

第九章

重大的人生改变，应该从哪里开始

有时在人生的某个节点，你会意识到自己必须做出改变，你很清楚需要改变什么，但往往很难做到。通常，你会经历一段时间的紧张和不适。你慢慢会意识到，事情并非如你所愿，可又说不清楚为何如此，也不知道该怎么开始更好。

这正是你神奇的大脑发挥作用的时候。我在第三章提到了元认知这个概念——我们不仅能够有意识地体验这个世界，还能够思考和重新评估我们的体验。这是心理治疗过程中经常使用的一个关键技能，是一切重大改变的核心。没有对自我的理解，就不会有改变。

爱因斯坦说过："如果我有一个小时的时间来解决一个问题，那我会先花55分钟的时间思考这个问题，最后5分钟再思考解决办法。"当我听到别人说，心理治疗就是坐在房间里思考你的问题（这是对心理治疗的误解），我就会想到爱因斯坦的这句话。心理治疗确实包括思考你的问题，但这是有方法的，解决问题最有效的方法就是彻底理解问题。

那么，当我们面临巨大改变时，如何运用元认知策略呢？觉察的第一步是回顾过去。无论是接受心理治疗还是心理咨询，你都可以讲讲已经发生的事，并从治疗师那里得到有用的提示，帮助你理解过去的事。对于那些采取心理自助方法的人，不妨从写日记开始。你不用有那种要写长篇论文或文章写出来要给别人看的压力，写日记的目的是锻炼一种能力，帮助你反思过去的体验以及自己的应对方式。比方说，你考试没及格，知道自己的分数后，你用非常难听的字眼贬低自己，认为自己将来肯定一事无成。元认知策略就是让你去反思这些想法，以及它们会如何进一步影响你的体验。

通过使用元认知策略，我们构建了对自己负责的能力，并审视我们在维持现状和做出改变时所扮演的角色，它揭示了看似微小的行为会产生的巨大影响，包括积极影响和消极影响。

如果你习惯了粗枝大叶，忽略细节，用这个方法可能会让你感到不适。但随着时间推移，当你开始注意到当下发生的行为的周期和模式时，这些细节可以帮助你在事后觉察自己的体验。这样我们才能有更多的选择，为了成为理想中的自己去做出积极的改变。

💡 **试试看**：下列提示可以帮助你探索你正在处理的问题，锻炼你的元认知能力。

- 描述你的人生中曾发生过的任何重大事件。
- 你当时有哪些想法？
- 那种思维方式对你的感受有什么影响？

- 描述你当时觉察到的情绪。
- 这些情绪是由什么引起的?
- 你产生了怎样的冲动?
- 你是如何回应这种感受的?
- 你的回应带来了什么后果?

本章小结

- 我们有时候并不清楚应该改变什么以及如何去改变。

- 没有对自我的理解，就无法改变。

- 彻底了解你的问题所在，才能更容易确定下一步应该怎么做。

- 事情发生后，先反思一下。

- 准备好诚实地面对：你是如何导致问题的出现，又是如何让自己陷入困境的。

- 心理治疗的过程能为你提供支持，如果你没机会看心理医生，也可以从写日记开始。

陷入痛苦
情绪
怎么办

第三部分

ON EMOTIONAL PAIN

第十章

让情绪全部消失

　　如果你去看心理医生，一开始他（她）就会问你，你希望从这个过程中获得什么。大多数人都会提到情绪——他们想要摆脱痛苦的或不愉快的情绪，同时希望能再次找回自己失去的愉快和平静的情绪。有谁不想呢？我们都只想要幸福。他们觉得自己被痛苦的情绪支配着，只希望这些情绪能快点消失。

　　但心理治疗并不是让情绪消失，而是教你怎样去改变与情绪的关系，接受情绪，关注情绪，看清楚情绪本来的样子，教你如何影响情绪，平息情绪。

　　情绪既不是你的敌人，也不是你的朋友。情绪之所以会出现，并非像人们说的那样，是因为你过于敏感，或是因为大脑神经紊乱。大脑需要解读你所生活的世界和你的身体，并赋予其意义，这才是情绪产生的原因。大脑先通过视觉、听觉等感官收集外部世界以及身体状况的信息，比如心率、呼吸速率、激素水平与免疫功能，然后根据记忆中你曾体验过的感觉来解读现在发生的一切。所以，喝太多咖啡会引发心慌，严重时你会感到像是惊恐发作——心脏剧烈跳动、呼吸急促、手心冒汗。当身体的感觉与恐惧的感觉非常相像时，大脑得到的信息是：一切似乎都不太好，我受到了威胁，必须立刻做出反应。

如果每天早上醒来时能自主选择今天的心情，那该多好啊！"我想要爱、快乐和兴奋，拜托啦！"遗憾的是，事情没有那么简单。恰恰相反，情绪往往是突然出现的，没有触发点，我们根本无法控制会产生什么情绪，以及什么时候产生。我们所能做的，就是试图抗拒它们，屏蔽它们，努力让自己保持理性。但事实并非如此。虽然你不能触发情绪，但你可以影响自己的情绪状态，而且你对情绪的影响力比你以为的要大。这并不意味着你有情绪上的不适就是你的错，这只是说明我们可以学着对自己的幸福负责，并构建新的情感体验。

▪ 处理情绪的不当方式

抗拒情绪

设想一下，你从沙滩上慢慢走到齐胸深的海水中，海浪拍打着你的身体，冲向海岸。如果你试图和海浪对抗，阻止它到达海岸，你就会发现海浪的力量有多么强大。它会把你猛烈地向后推，很快你就被海水包裹、淹没。无论你怎么扑腾、挣扎，下一波海浪也马上就会到来。当你接受了这个事实时，你就可以在海浪打来时集中精力，让头露出水面。

此时你仍然能感受到海浪的威力,它把你往上推,甚至会让你的双脚触不到底,但现在你是顺着水流的方向移动,你知道自己是安全的,很快就能回到沙滩。

处理情绪就像置身于海浪之中。当你试图阻止情绪的发展,你很容易就会被情绪击倒,陷入困境。你只能挣扎着喘口气,冷静下来找到正确的出路。当你任由情绪"洗刷"你的身体时,情绪就会循着自然的规律,升起,达到顶峰,最后回落。

把情绪当成事实

情绪是真实的,但它不是事实。情绪并非来源于事情本身,而是来源于我们对事情的解读。情绪是大脑解读世界的一种尝试,是对身体感觉的表达。大脑通过感官和体验获得信息,构建情绪的概念,并引导之后的行为。感受不是事实,想法也不是。这也是认知行为疗法会对很多人有帮助的一部分原因,它能让你从想法和感受中后退一步,看清楚它们本来的样子——它们只是一种可能的视角。不是事情本身,而是对事情的认知导致了情绪。

如果你知道感受和想法并不是事实,但仍然感到痛苦,那就有必要检查一下,看看你的情绪是不是现实的真实反映,其他的视角是否更有帮助。如果你把当下的感受和情绪看成事实,那它们就会决定你未来的想法和行动,如此一来,你的生活就变成了一系列的情绪反应,你也无法做出明智的选择。

那么,怎么做才能避免把想法当成事实呢?可以通过问问题。心理治疗师会让我们做这样的练习,就是对内心世界和外部世界的体验保持好奇。来访者在我对面坐下来，开始诉说他们这一周里做错的事，自己不该有的感受，陷入自我批评、自我厌恶的恶性循环。这时我会帮助他们换个视角，站在一定高度去俯视自己，观察这些行为在哪些方面和我们的构想相一致。我们换成好奇的视角，就不会自我攻击。无论这是美好的一周，还是艰难的一周，我们都在学习和成长。

我们仍然会因为犯错而痛苦，不愿面对这样的事实，而保持好奇心会让我们正视自己的错误，并从中学习。保持好奇心还能让我们精力充沛，对未来充满希望。无论发生任何事，我们都能学到经验。

🔧 工具箱：反思你的应对策略

- 当你感到情绪不适时，首先会出现哪些迹象？
- 是一种行为吗？你能否意识到你的行为是在抗拒情绪、保护自己吗？
- 你身体的哪一部分感受到了情绪？
- 你产生了哪些想法？在这种情况下，你的信念是什么？这个信念对你产生了怎样的影响？
- 试着把自己当时的想法和体验都写下来。
- 这些能告诉你，你在害怕什么吗？
- 强烈的情绪通常会伴随怎样的行为？
- 这些行为在短期内对你有帮助吗？

- 这些行为的长期影响是什么？
- 请一位值得信赖的朋友跟你一起回顾整件事，让他帮助你发现你的思维偏差或误解。跟朋友一起探讨，看看还有哪些不同的视角。

本章小结

- 情绪既不是敌人，也不是朋友。

- 我们对自己的情绪状态的影响力比我们以为的要大很多。

- 抗拒情绪只会带来更多问题，我们不如接纳情绪，顺其自然。

- 情绪不是事实，只是一个可能的视角。

- 如果你现在有痛苦的情绪，保持好奇心，提出问题——情绪能告诉你什么？

第十一章
如何处理情绪

如果你翻开这本书,直接跳到这一章,说明你可能正在寻找关于痛苦情绪的答案。有什么办法能让痛苦情绪全部消失?好吧,如果我猜对了,请耐心听我说。我下面要讲的可能与你希望听到的正相反,但千万别着急合上书。

我在参加临床培训的某个时期开始接触正念的相关知识。你可能会以为,已经进入实习期的临床心理医师应该很愿意接受新事物,能够坐下来专心地学习。但实际的情形是,大家坐在那里,努力地想保持安静,觉察自己的感受,可还是忍不住笑出了声。临床培训注重的是行动,是把事情做好,大家都已经习惯了"行动模式"。因此,切换到"存在模式"对教室里的每个人都是挑战,这让老师非常恼火。我承认,当时我心里想的是:我怎么可能用到这个方法,还把它教给别人?

但正念是课程的一部分,所以我只能强迫自己去学习。培训继续进行,我的压力也越来越大。到了评估阶段,我要完成一篇论文,考试也迫在眉睫，我的紧张程度到了最高点。当时我最喜欢的压力管理工具就是跑步。有一天，我放下工作，去附近的郊野跑了一圈。跑步时，我满脑子都在想着还有多少事没做，担心自己做不完，或者做不好。于是我再次尝试了正念，只不过这次不是坐在那，而是在跑步的过程中。

我沿着一条长长的碎石子路穿过树林，听着鞋子踩在石头上的声音。我任由紧张、焦虑的情绪包围着我，我没有试图回避，也没有急着去做个计划，解决问题。每过几秒钟我就会走神，大脑会告诉我应该做什么，不该做什么，还会提示我最糟糕的情况，比如过了截止日期，任务没完成，回家后还要发一封电子邮件解释。每一次，我都允许这些想法冒出来，然后再把它们抛开，注意力再次回到鞋子踩在石子上的声音。走神、把注意力拉回来；再走神、再把注意力拉回来，那天我起码经历了上千次这样的循环。在回去的路上，当我快跑到道路尽头的时候，我突然灵光一闪。我所面临的障碍其实都还在，但当紧张情绪出现时，我不再抗争，而是允许它经由我的身体——它也这样做了。

一开始你也许会有顾虑——接纳所有的情感体验，这跟我们大多数人所学到的处理感受的方法恰恰相反啊。我们受到的教导是，感受是理性的对立面，是要压制、隐藏的东西，要默默藏在心里。可本书却建议你承认心中升起的每一种感受，同时接纳它们？

很多人惧怕情绪——但如果能去感受情绪、体验情绪，知道情绪如海浪般起伏，我们就不必害怕了。

正念让我们学会使用觉察这个工具。觉察听起来很简单，概念很模糊，如果我们不使用它，就永远不会知道我们需要它。关闭"自动驾驶系统",去觉察自己的想法、情绪、冲动和行为,这就相当于在绿灯亮起前,给自己亮黄灯——在我们根据冲动和情绪的指引采取行动前,它为我们提供了有意识地暂停的机会。如果听从"自动驾驶系统",可能早就驱使我们冲向前方了。通过正念练习,我们可以给自己更多的机会,根据自己的价值观做出不同的选择,而不是做出简单的情绪反应。

艺术家在创作巨幅作品上的细节之处时,会时不时后退一步,检查刚才的创作是否符合他对整个画面的构想。元认知这个工具,就是让你在情绪和行为之间做个停顿,哪怕只有片刻,后退一步,检查自己的想法和行为,看看它们是否符合你对自己的构想。即便是在最不起眼的时刻,这种审视全局的能力,也会对我们的生活方式产生重大影响。

当想法如河水般不断流淌时,我们可以把头露出水面,检查那些想法是否朝着我们想要的方向前进。我们可以根据意义和目的来确定这个方向,而不是随波逐流。

▪ 看清情绪本来的样子

看清情绪的本质,是我们能够以健康的方式处理情绪的关键。感受不能代表你这个人,你也不能等同于你的感受。对情绪的感受就是经由你身体的体验。每种情绪都会传达出信息,但不一定全面。情绪的作用就是告诉你,你需要什么。如果我们允许自己去感受情绪,而不是压制和抗拒情绪,我们就能以开放、好奇的心态面对情绪,并从中学习。

我们不仅要弄清楚自己的需求，还要做一些必要的事以满足自己的需求，首先应该满足生理需求。正如在前几章所讨论的，再多的心理治疗和心理技巧，也无法扭转睡眠质量差、饮食不健康和缺乏运动所带来的破坏性影响。我们首先应该照顾好我们赖以生存的身体，才能够处理好其他事情。

▪ 给情绪命名

当你感受到某种情绪时，就给它起个名字。我们要了解各种情绪的各种名字。我们不仅会感到高兴、难过、害怕或愤怒，我们也会感到脆弱、羞愧、愤恨、不满与激动。

在心理治疗中，我们会让来访者做这样的练习：注意你的感受，注意你身体的哪个部分有这样的感受，并给它命名。我们普遍能认识到身体的感觉，却并不清楚情绪是什么，这也许是因为长久以来我们得到的教诲就是不要谈论情绪。我们更不需要为不同的情绪命名，因为我们根本没有机会大声说出来。可大家却总能发现情绪所带来的生理变化，因为告诉别人你觉得恶心、心跳加速，比告诉别人你觉得脆弱、没有安全感，更容易被接受。

增加你的情绪词汇量，这样你才能很好地区分不同的情绪，从而调节这些情绪，在社交场合中选择最有益于自身的情绪反应（Kashdan等，2015）。

▪ 自我安抚

当痛苦的情绪变得强烈时，我们很容易描述出来：它现在正在升起，到达顶峰，开始回落。但现实体验可痛苦得多，会让你产生强烈的冲动，去做对健康不利的甚至是危险的事，好让痛苦快点消失。

虽然有些心理自助书籍告诉你，你可以通过积极思考来改变你的感受，但我想说，这注定是场战斗。在你感觉良好的时候让你改变思维方式就已经很难了，要改变已经达到痛苦感受顶点时的想法，几乎没有可能。当你被情绪击垮时，最好的策略就是后退一步，尽可能地觉察情绪，把它看作暂时的体验，通过自我安抚来减少我们对威胁的反应。

辩证行为疗法会教给你一些简单的技巧来抚慰痛苦的情绪，帮助你驾驭情绪的"惊涛骇浪"，直到情绪回归平静。这些技巧被称为痛苦耐受技巧，其中有一项叫"自我安抚"（Linehan，1993）。

自我安抚是指当你体验痛苦情绪时，帮助你感到安全和舒缓的一系列行为。当你的威胁反应被触发时，你的大脑接收到的信息是："我现在很不安全！有些不对劲！赶紧做点什么吧！"要想让痛苦的情绪停止升级，回归基准线，我们就得给身体和大脑提供新的信息，让它们知道我们是安全的。有很多方法都可以做到这一点，因为大脑从所有感官获取信息，也就意味着你可以利用每一个感官向大脑发送信息，表明你是安全的。大脑也会从你的身体状态获取信息，包括心率、呼吸频率和肌肉紧张度。这也是为什么让肌肉放松，比如泡热水澡，能有效帮助你摆脱痛苦。

自我安抚的其他方法包括：

· 喝一杯热饮

· 跟信任的朋友或你爱的人聊天

· 让身体动起来

· 听舒缓的音乐

· 看漂亮的图片（风景）

· 放慢呼吸

· 学习放松技巧

· 闻一闻能让你感到安全、舒适的香水或其他味道

嗅觉能最迅速地把安全信息传送给大脑。找一种能让你联想到安全和舒适的气味，也许是爱人的香水味，或是能让你平静下来的薰衣草香味，这样做能帮助你集中精神，同时让你的身体平静下来。如果是在公共场合，你深陷痛苦情绪，这里有一个在心理治疗中很受欢迎的方法：找个毛绒玩具，小心地把缝线拆开，往里面塞满薰衣草，然后再缝起来。这样每当你在公共场合情绪不佳时，你就可以闻一闻薰衣草的香味，稳定、安抚自己，而且其他人也不会注意到。

在辩证行为疗法中经常使用到的一个有效工具就是自我安抚盒。当你极度痛苦时，你的大脑会忽略解决问题的能力。在遇到威胁时，你通常没有时间把事情想清楚，大脑此时会快速做出推测，冲动行事。而自我安抚盒是你提前准备好的——在你能够冷静思考的时候，想一想在你最痛苦时，哪些东西能帮到你。找一个旧鞋盒，把你认为能在痛苦时给你带来安慰的东西放进去，只要是能让你联想到安全和舒适的东西都

行。我在我的诊疗室里也放了个自我安抚盒,我会把它作为示例展示给来访者。盒子里面放了一张小纸条,纸条上写的是"给某位特定的朋友打电话"。当我们有情绪困扰时,通常不会首先想到向他人求助,但按照纸条上的简单指示,给信赖的朋友打个电话,这是把我们往正确的方向引导。我在前面几章讲到过,人际关系能帮助我们更快地从压力中恢复过来。我的自我安抚盒里还有一支笔和一沓纸。如果不想说话,那就用文字来表达情绪,理解正在发生的事情。科学证明,这个方法确实有效。

你也可以在盒子里放一些薰衣草(或任何让你觉得舒适的气味)精油、关心你的人和你关心的人的照片,还有一张能舒缓情绪、振奋精神的歌单。精心挑选的音乐会对情绪状态产生巨大影响。为自己创建一张歌单吧,当你感到痛苦时,音乐能让你回归平静、得到安慰。

我在盒子里还放了一个茶包,因为在英国,茶会让我们联想到闲适和与人交流。在盒子里放茶包之类的东西,就是为了在你努力思考你需要什么时,给你一个清晰的指示。

最重要的是,盒子一定要放在你需要时容易找到的地方。在你最困难的时候,它能帮助你以你想要的方式来应对。在你最脆弱的时候,它能帮助你远离不健康的习惯。

本章小结

- 感受不能代表你,你也不能等同于你的感受。

- 情绪的感觉就是经由你身体的体验。

- 每种情绪都能给你提供信息,但这些信息并不全面。

- 情绪的作用就是告诉你,你需要什么。

- 当你感受到情绪时,就给它起个名字。情绪不仅包括快乐或悲伤,还应该有更细致的分类方式。

- 我们应该接纳情绪,而不是抗拒情绪。要学会自我安抚。

第十二章
如何利用语言的力量

　　我们所使用的语言极大地影响着我们对世界的体验。语言是我们理解事物的工具，帮助我们对感受进行分类，从过去的经验中学习、分享知识、预测未来并做好计划。

　　有些用来形容情绪的词语越来越多地被用来表示其他意思，以至于这些词的含义变得非常宽泛而模糊。比如"幸福"已经是所有积极事物的统称，以至于没有人能够确定自己的感受是否符合"幸福"的标准。如果我充满激情，我幸福吗？如果我感到平静而满足，我幸福吗？如果我受到鼓舞、充满动力，这是幸福吗？

　　"抑郁"这个词也同样被滥用了。究竟什么是抑郁情绪？悲伤？空虚？焦虑？麻木？不安？躁动？消沉？

　　这很重要吗？事实证明，这很重要。

在发生应激性的生活事件[1]后，如果没有更多的概念和词汇来区分不同种类的负面情绪，将会加重抑郁程度（Starr等，2020）。那些能够区分负面情绪的人，在应对方式上会更加灵活。比如，同样在应激状态下，他们酗酒的可能性更小，对于被拒绝没那么敏感，焦虑情绪与抑郁症状也更少（Kashdan等，2015）。这并不是说，这些现象是难以区分负面情绪导致的，但确实表明，区分情绪是帮助我们度过困难阶段的有效方法。

你用来区分情绪的新词汇越多，你的大脑就能有更多选择来理解各种感受和情绪。当你可以用一个更准确的词来描述一种感受时，这会有助于你调节情绪，反过来也意味着你的身心压力减轻了。想要更灵活有效地应对你所面临的挑战，这是一个至关重要的工具（Feldman Barrett，2017）。

好消息是，我们可以通过不断学习构建这项技能。这里有一些可以帮助你创建新的情绪词汇的方法。

· 描述要具体。不要用"我感觉棒极了""我不开心"这样宽泛的语句来描述自己的感受。你还能想到哪些词语形容这样的感受？是几种感受掺杂在一起吗？你注意到身体有哪些感觉？

· 一个情绪标签也许并不足以概括你的感受。如果是多种感受掺杂在一起，那你可以这么说："我觉得又紧张又激动。"

---

[1] 应激性的生活事件指在生活中需要作适应性改变的任何环境变化，如改变居住地点，入学或毕业，换工作或失业，家庭重要成员的亡故，等等。这类事件可能是致病的必要因素之一，并可提示起病的时间。——译者注

- 情绪词汇没有对错之分，关键是要找到你和你周围的人都熟悉的描述。如果找不到合适的词，可以自己创造一个，或是借用其他语言中的词汇。

- 探索新的体验，试着用不同的方式来描述这些体验，比如品尝新的食物、结识新的人、读一本新书、去陌生的地方。每一次新的体验都是从不同的视角看待事物的机会。

- 抓住每一个机会学习新词汇，培养自己描述新的体验的能力。除了书籍，我们还可以通过音乐、电影等渠道来接触新词汇，描述自己的感受。

- 写下你的体验，并探索描述你的感受的方式。如果在描述感受时，你经常找不到合适的词，有个工具可以帮助你创建情绪词汇，那就是感受圆盘（见图6）。它由心理治疗师格洛丽亚·威尔科克斯（Gloria Willcox）在20世纪80年代首次提出。这是一个写满了描述感受词汇的彩色圆盘，圆盘的中心由六种核心感受组成，分别是：快乐，悲伤，厌恶，愤怒，恐惧和惊讶。中间环和外环是六种核心感受对应的不同"亚型"，包含更精细的感受信息。你可以把感受圆盘贴在你的日记本封面上，这样你写日记的时候就能找到更多具体的词汇了。如果在其他地方看到合适的词汇，你也可以加到本子里。

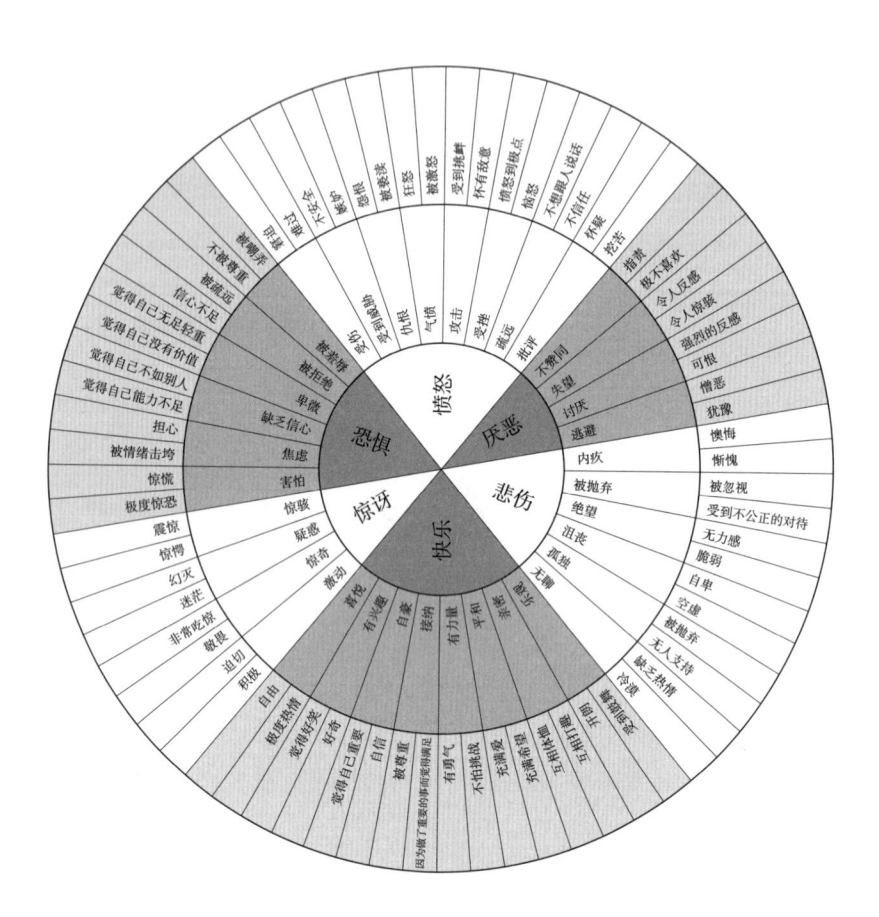

图6：在感受圆盘中找到能描述自己感受的词汇

▪ 不要只关注负面情绪

写日记是帮助你理解、处理体验和情绪的好方法，理解那些糟糕的体验很重要，记下积极的体验同样很重要，即使那只是一些"小确幸"。因为每一种行为都是大脑中特定的神经活动模式，当你一次又一次地重复这个行为时，这条相对应的神经通路就会更稳固，更容易被大脑调用。想要更轻松地创建积极的感受、想法和记忆，那就通过写日记来练习吧。

本章小结

- 我们所使用的语言极大地影响着我们对世界的体验。

- 描述自己感受的词汇越多越好。

- 想不出合适的词语时，可以参考感受圆盘。

- 注意别人是如何用词的，你可以通过读书、看电影等多种方式来扩大自己的情绪词汇量。

第十三章

当你关心的人陷入痛苦时

如果你爱的人出现了心理问题,你很想帮他,却又感到束手无策。你不知道该做什么,也不确定说什么才是对的。你希望他快点好起来,但是你又帮不上忙,你因此感到很沮丧。

我们爱的人遭受痛苦,有时会给我们带来压力,产生一种想逃避他们的痛苦感受的冲动。但如果我们真的这样做,我们又会感到无助和自责。因为我们没能给他们提供最低限度的支持,而这能让我们感到自信(Inagaki 等,2012)。

虽说帮助别人解决心理问题并没有严格的规则可遵循,但以下建议也许可以帮到你。

・当我们专注于解决问题时,我们会忽视陪伴的力量。大多数人并不喜欢别人告诉他们应该怎么做,却希望身边能时不时地有个人出现,让他们知道有人在关心自己。

・如果对方的心理问题有明确的诊断,可以帮助你了解这些症状对他有怎样的影响，能够针对他将面临的挑战提出更具体的建议。

· 别忘了，你支持的那个人知道自己需要什么。你不妨问问他希望得到怎样的支持。这不仅能指导你的行动，也是在告诉他，你在认真倾听。

· 关心别人会给你带来心理上的压力，假如你的心理健康也开始出现问题，你就无法以最好的状态支持他们。所以，一定要把你自己的健康放在首位，小的方面也不能疏忽。要关注最基本的健康问题——睡眠、日常习惯、营养摄入、运动与社交。

· 记得给自己一些支持。找一个让你觉得有安全感的地方，跟朋友、互助小组成员或专业的心理治疗师聊聊你的感受，思考下一步怎么做才能不再自我消耗。

· 设定界限。支持别人并不意味着你的生活就不重要。明确自己的价值观，这样你在遇到困难时也不会放弃，同时也能平衡自己和他人的需求。

· 制订危机应对计划。假如你关心的人总是觉得不安全，那就有必要制订危机应对计划。计划不用多复杂，列出任何事情可能变坏的早期预警信号，并列出在这种情况下你们能做的事，以保证每个人的安全。列出紧急时刻你能打的电话，当危险到来时，你就更容易采取行动。

· 我们往往会低估带着善意、共情与好奇心倾听的力量。倾听并不能解决问题，但会让对方知道有人关心自己，知道自己并不孤独，能提高康复的概率。社交支持是很有效的方法，你不需要告诉对方怎么做，只需要给予深切的共情。

· 支持一个人并不一定要和他进行长时间的深谈，那些微小时刻的互动也很重要。一边散步一边聊天，可以让拘谨内向的人敞开心扉。你也可以什么都不说，只是单纯的陪伴就很好。只要你陪在他的身边，就会让他感到有人关心自己，不再孤独。

· 如果你想鼓励对方说出内心的痛苦，不妨问一些开放式的问题。比如，不要问"你还好吗"，而要问"你现在心里怎么想"。

· 认真倾听。除非对方要求，否则不要贸然提供建议。你只需要反馈对方，你听到他们说了什么，让他们知道，他们是被倾听、被尊重的。

· 如果对方说自己感到绝望、无助，看不到出路，如果你开始担心他的人身安全，一定要向专业人士寻求建议。

· 不要小看实际帮助的作用。假如你爱的人正面临着心理健康、身体健康问题，或者正在经受产前或产后抑郁症的折磨，他们的日常生活也会变得更加困难。你可以每周亲自动手做几顿营养餐，这是支持爱人的很好的方式。

· 保持敏感度。在你关心的人感到脆弱的时候能及时觉察（或者直接问他有什么你不知道的事），这样你就可以在他最需要的时候陪在他身边。比如，你关心的那个人最近失去了亲人，在社交场合碰到时，不要回避他，要主动上前，表达你的关切，虽然他心中仍然充满痛苦，但至少感觉不那么孤独了，这对他很重要。

· 转移话题也是可以的。陪在别人身边并不是要一直关注他的痛苦，分散注意力也是一种很好的排解方式，他独自一人时很难做到这一点。

· 不要期待别人能很快康复或痊愈。这个过程并非一片坦途，状态总会时好时坏。有自己爱的人陪在身边，他们就能坦然接受人生的起落，也会以同样的爱去支持他人。

· 要坦诚。假如你想支持对方但又不确定怎么做，那就坦诚地说出来。如果你说的话或你做的事对对方没有帮助，请他一定直言相告。坦诚相待可以缓解焦虑，实现真正的沟通，这对双方都有好处。

本章小结

- 当别人出现心理问题时，我们想去帮助他，但又觉得不知所措、力不从心，这是很正常的。

- 看到别人遭受痛苦，你想支持他，又怕自己说错话，这会让你很有压力，但一定不要因此回避他。

- 强有力的支持并不意味着要解决所有问题。

- 要照顾好自己，别让自己心力交瘁。维护自己的利益，设定清晰的界限。

- 永远不要低估倾听的力量。

无法走出
悲伤
怎么办

第四部分

ON GRIEF

第十四章
理解悲伤

我们经常把悲伤与亲人的去世联系起来,但我们在其他情况下也会有悲伤的情绪。那些对我们来说意义重大的事物的结束,都会引发悲伤——这种结束并不一定是死亡。

新冠肺炎疫情改变了我们的生活。在与之战斗的过程中,很多人失去了家人、朋友、工作、生计、经济来源,失去了辛苦打拼创立起来的企业,失去了与亲人朋友拥抱相聚的宝贵时间,失去了和亲人在一起的最后时刻,失去了对未来的确定性,也失去了能够帮助我们应对这些问题的社交支持。我们经历了太多的失去,这个世界也因此变得不同,给我们留下了沉重的悲伤和心理创伤后遗症。

如果你也经历过失去,并受到影响,请记住以下这几件事。

▪ 悲伤是正常的

我遇到过很多这样的人——他们认为自己非常失败，因为他们无法从悲伤情绪中走出来。在他们看来，悲伤就是一种情绪失调，是需要解决的问题。实际上，悲伤是人类的情感体验中正常的组成部分。当我们失去我们所爱的、与我们关系紧密的、对我们的生活有意义的人或物时，一定会经历悲伤这个过程。

伤心是悲伤的一部分，但悲伤不仅仅是伤心，悲伤可能是对逝去的人的深切思念。关系是人类生活的核心，我接触的来访者都认为，关系是他们人生中最有意义的部分。当一段关系结束时，他们仍然需要获得连接感。

我们的身体也会悲伤。正如前几章所述，我们的所思所感都在身体内部发生，悲伤也不例外。失去亲人会对心理健康和身体健康构成极大的威胁。痛苦不仅仅是情绪上的，也是身体上的，它会反复触发应激反应。

谈到能帮助我们度过悲伤的事情，我们要先弄清楚什么是帮助。那些有帮助的事情不会让痛苦消失，不会让我们忘记，也不会迫使我们放手。假如你能明白，情绪像过山车一样跌宕起伏是很自然的事，这就是帮助；如果能找到安全、健康的方式来处理痛苦，这也是帮助。

悲伤让人无法忍受。人类最自然的反应可能是回避它，这一点都不奇怪。痛苦的感觉如此强烈，令人生畏，所以我们想尽可能地回避它。可是当我们屏蔽一种情绪时，就会同时屏蔽所有的情绪。我们会感到空虚、麻木，苦苦挣扎着寻找生命的意义，努力像以前那样生活。

我们拼命让自己忙碌起来、借酒浇愁或者否认发生过的事，以为用这些方法就能把悲伤埋到冰山之下。我们可能觉得自己已经恢复得很好，但一件看似无关紧要的小事就能打开阀门，让痛苦的情绪彻底爆发，让你手足无措，怀疑自己能否应付这一切。

无法走出的悲伤与抑郁、自杀和酗酒有相关性（Zisook & Lyons, 1990）。因此，否认悲伤，抗拒悲伤，看起来是在自我保护，但从长远看可能会适得其反。

说起来容易，在现实中真正体验这一切，就知道有多么的艰难。我们回避悲伤是有原因的。悲伤的海洋广阔深邃，一望无际，没有尽头，渺小的我们如何面对这样的挑战呢？我们可以从了解会发生什么开始，了解哪些方法能够帮助我们应对这种体验。一次只迈一小步。我们向悲伤的海洋迈进一步，深呼吸，去感受它，然后后退一步，休息一会儿。随着时间的推移，我们就能迈出更多步，走向海洋更深处，沉浸其中，因为我们知道自己可以安全地回到岸边。感受悲伤并不会让悲伤消失，但会让我们更有力量，能够提醒自己，回到当下的生活中。

本章小结

- 那些对我们来说意义重大的事物的结束，都会引发悲伤——这种结束不一定是死亡。

- 悲伤是人类情感体验中很正常、自然的一部分。

- 痛苦可以是情绪上的，也可以是身体上的。

- 有帮助的事情并不会让痛苦消失，也不会迫使你放手。

- 完全回避悲伤可能会导致更深层次的问题。

第十五章
悲伤的阶段

你也许听说过伊丽莎白·库伯勒-罗斯（Elisabeth Kubler-Ross）[1]于1969年提出的悲伤五阶段论。她认为人在体验悲伤的情绪时，比如亲人逝去、失恋、丧偶、失业或患上绝症等等，都会经历五个阶段。这些阶段不一定按特定顺序发生，人们也不一定会经历每一个阶段，但正常的、健康的悲伤情绪确实存在共同之处。重要的是要记住，这不是教你如何应对悲伤的处方，也不代表经历五个阶段后就能恢复，它只是对你可能经历的体验的描述。如果你或你关心的人正在经历其中任何一种体验，你们只需知道，这是正常的、健康的悲伤情绪的一部分。

▪ 否认

否认和麻木能够帮助我们承受住悲伤带来的巨大痛苦，但这并不意

---

[1] 伊丽莎白·库伯勒-罗斯（1926—2004），美国作家、精神科医生。她是探讨死亡与濒死经验的先驱人物，代表作有《用心去活》（*Life Lessons*）等。她的著作被译成27种语言。——译者注

味着我们要否认所发生的一切。无论你是否情愿，接受你面临的情况和新的现实都要有一个循序渐进的过程。随着时间的推移，否认情绪会开始慢慢消退，新的情绪波动随之浮出水面。

▪ 愤怒

愤怒所掩盖的往往是最强烈的痛苦或恐惧。如果我们允许自己真实地去感受并表达愤怒，我们就能把其他情绪也释放出来，并加以管理。但我们很多人都被教导过，愤怒情绪是可怕的，表达愤怒会让我们感到羞愧，对朋友、同事或家人爆发愤怒情绪，似乎会破坏我们的形象。所以我们会压抑自己的愤怒，愤怒就像水中的气体一样，很快就会在另一个时间或地方变成气泡冒出来。

愤怒会刺激我们去行动。如果你无法控制愤怒的情绪，可以去做做运动，利用生理唤醒[1]，把愤怒产生的能量释放出来，让情绪回到基准线，并维持一段时间。身体一旦平静下来，你就能更轻松地发挥大脑的认知功能，清晰地了解自己的想法、感受，解决任何需要解决的问题。有一个值得信任的朋友或你爱的人支持你，或者把这些事情写下来，都会很有帮助。研究表明，如果一个人独自反复回味愤怒，只会让愤怒情绪更强烈，让人变得更有攻击性（Bushman，2002）。

---

[1] 生理唤醒（physiological activation）是指伴随情绪与情感发生时的生理反应，它涉及一系列生理活动过程，如神经系统、循环系统、内外分泌系统等活动。——编者注

在你通过运动来消除愤怒，并降低你的运动唤醒水平[1]之前，尝试做任何一种深度放松练习都很困难。你可以先用最适合自己的方式把愤怒表达出来，再进行引导式的放松练习，充实身心，为下一波愤怒做好准备。

▪ 拉扯

也许这只是转瞬即逝的想法，也许是持续几个小时或几天的反复思考。你会开始幻想不可能实现的事情："当初要是……会怎样？""如果……就好了。"这些问题很容易把你引向自责的陷阱。你会不断地思考，假如当初你做出了不同的选择，结果会有什么不同。你会将注意力聚焦在曾经犯下的错误中，希望能收回过去的言语与行为，设想事情往另外一个方向发展，那样你就不会那么痛苦了。你也许会跟上天讨价还价，或者承诺从现在开始要做出改变，愿意付出任何代价让事情变好。你只希望一切都回到原来的样子。

▪ 抑郁

这里所说的"抑郁"是用来描述失去亲人之后的深深的失落、强烈

---

[1] 运动唤醒水平是指"运动激活水平"，是运动行为的强度或运动员在运动状态下机体被激活的程度。——编者注

的悲伤与空虚感。这是正常的反应，并不是心理问题。抑郁是人们在面对绝境时的正常反应。有时你身边的人看到你如此抑郁会很担心，自然就想帮助你修复、治愈，更糟糕的是，他们还希望你能赶紧振作起来。

认识到抑郁只是正常的悲伤情绪的一部分，我们就能尝试在痛苦中安抚自己，努力重新恢复正常的生活，尽力照顾好自己的身心。本书第一部分所介绍的理念和工具在这里同样适用。我们不必否认痛苦，也不必压制或隐藏痛苦，关于这个问题我会在后面的章节详细解释。

▪ 接受

我们要给自己留出一定的时间和空间彻底体验悲伤，直到自己恢复元气，再次振作起来。有人误以为接受就是认可或喜欢现在的状况，其实并非如此。新的现实依然不是我们想要的样子，但我们开始接受它，倾听自己的需求，拥抱新的体验，建立新的人际关系网。

需要说明的是，接受并不是悲伤的终点。也许你只是在这个短暂的时刻接受现状，可能在其他时刻，你又会回到拉扯的状态，渴望能挽回失去的人。当你面对新的挑战、新的体验时，情绪出现反复是很正常的。这意味着，你已经开始寻找新的满足、新的快乐，事情似乎进展得很顺利，可是你突然发现自己被新的一波愤怒或悲伤（或其他情绪）淹没了。这并不是一种倒退，你也没有"错误"地理解悲伤。悲伤本来就是会一波又一波地出现，我们不可能提前做出预测。

本章小结

- 否认能帮助我们承受住悲伤带来的痛苦。否认消退后，新的情绪会浮出水面。

- 如果你无法控制愤怒的情绪，可以去做做运动，利用生理唤醒，让身体暂时恢复平静。

- 反复思考"假如……现在会怎样"，很容易把自己引入自责的陷阱。

- 抑郁是失去亲人后的正常反应。

- 接受并不意味着你喜欢或认可现状。

第十六章
哀悼的任务

那么,我们该如何度过这段我们称之为悲伤的紧张、迷惑、混乱的时期呢?

威廉·沃登[1]在2011年提出的观点是,哀悼有四项任务。

1. 接受已经失去的事实。
2. 体验悲伤的痛苦。
3. 适应你爱的人已经不在的新环境。
4. 把这种失去融入你的生活,和那个已经离去的人建立一种持续的连接,同时找到继续生活下去的方式。

失去亲人后,人们会用不同的方式来处理悲伤:有些人倾向于感受

---

[1] J.威廉·沃登(J. William Worden)博士是美国职业心理学委员会成员,美国精神医学学会成员,哈佛医学院和拜欧拉大学罗斯米德心理学研究生院研究员,并担任学术职务。他还是麻省总医院哈佛儿童丧亲研究的联合首席研究员。他曾获得5项美国国立卫生研究院的资助,40多年来的研究和临床工作集中在危及生命的疾病和危及生命的行为问题上。他所著的《哀伤咨询与哀伤治疗》(*Grief Counseling and Grief Therapy*)一书已被译为14种语言,在世界范围内影响广泛。——编者注

痛苦和伴随而来的情绪，而另一些人则努力从沉重的心情中转移注意力。这两种做法都很好，实际上，两种做法我们都需要。因为我们不可能一下子摆脱悲伤，也不可能一口气承受这么多痛苦；如果不给自己一些空间去感受悲伤，我们就无法走出悲伤。这是一个交替进行的过程——有时会感受痛苦，有时会通过一些能分散注意力、给自己安慰的事情来滋养身心，让自己在情绪波动的间隙得到片刻喘息（Stroebe & Schut，1999）。

因此，花些时间来处理那些升起的情绪（无论是主动唤起的情绪，还是睹物思人或触景生情，抑或是不由自主的情绪）是这个过程中必不可少的一部分。通过交谈、写作或哭泣，可以让情绪得到释放和表达。当你觉得你需要从情绪中抽离时，这样做也能帮助你把注意力转移到能减轻应激反应的事情上。本书第三部分介绍的自我安抚技巧（见第109页）在这里同样有用，尤其是当你觉得痛苦已经无法承受的时候。着陆技术（grounding technique）[1]会很有帮助。因为每一个人都拥有不同的关系，悲伤的过程也完全不同，所以并没有什么固定的方法可循，关键就是要找到一个安全的地方，让你有时间恢复，哪怕只是短暂的片刻。

"放下悲伤，如常生活"这种模式有个问题，那就是你在任何时候都不能允许自己关注失去，这需要刻意的努力，而且不能停下来。我们

---

[1] 心理学中的着陆技术是指通过帮助个体把注意力转移到外部世界来缓解和远离负面感受，起初用于治疗创伤后应激障碍（PTSD）的个体，实则适用于所有有焦虑症状的个体，也可以帮助个体摆脱情感痛苦。——编者注

需要一直保持忙碌状态，因为我们担心一旦停下来就会不知所措。于是我们陷入了一个困境——我们需要时刻保持警觉，和痛苦保持一定距离。如果我们在感受到强烈痛苦情绪的时候刻意去压制它，会损害我们自身以及我们与情绪的关系。如果你切断了一种情感连接，就等于切断了所有的情感连接。

- **感受一切**

当你悲伤的时候，要允许自己去感受一切情绪：感到绝望、感到愤怒、感到困惑、感到快乐，都是正常的。如果有那么一刻你想微笑，那就微笑。享受温暖的阳光照在脸上，或者被别人讲的笑话逗得开怀大笑，都是可以的。当你允许自己开启新的生活时，你也许会觉得愧疚，这很正常。让小小的快乐安抚你，与让痛苦包围你，在度过悲伤的过程中同等重要。随着时间推移，你会重新拥抱生活，并认识到这并非意味着遗忘。你对逝者的爱、你们的连接仍然在继续。

- **每天进步一点点**

不要低估每天进步一点点的作用。如果早晨起床、洗脸对你而言都是一场战斗，那干脆就把它们作为你现在的目标吧。从你所在的地方开始，迎接每一个新篇章，推动自己向前进。

▪ 不要抱有期望

如果你对自己抱有期望——我应该如何感受，应该如何表现，应该多久痊愈——只会让悲伤更加难以承受。这样的期望大多来自我们对悲伤的误解——我们认为悲伤是个禁忌话题。要感谢该研究领域的一些先驱人物，让我们对悲伤的过程以及如何帮助自己度过悲伤有了更好的理解。这种期望会让人们以为自己精神不正常，怎么做都不对，觉得自己软弱又无助。事实上，所有情绪的起伏，都是过程中正常的一部分。如果不去谈论自己的悲伤，我们就不知道自己做得对不对。与之相反的做法，也是非常有帮助的做法，就是要和其他人建立共情的连接，让自己能在一个安全的空间表达感受。

▪ 表达

表达自己的感受并不是那么容易的事：有些人有强烈的表达欲望，而有些人则喜欢沉默不语，因为他们找不到合适的词语表达。如果你想找人聊聊，就去找你信任的人吧。如果你担心自己会成为别人的负担，怕对方听了会心烦，那就尽管把这种担心说出来，好朋友会告诉你他们能承受的限度。

如果你不想说话，那就把你想说的话都写下来吧。把想法和感受写在纸上的行为，可以帮助你弄清楚心理和身体上发生的事。通过处理痛苦的感受，悲伤才得以完结。

有些人会通过绘画、音乐、诗歌或运动来表达感受。任何能为你提供途径来释放和表达你的原始情感的事，都值得你花时间去做。如果你不确定该从哪里开始，那就顺其自然，从过去对你有帮助的事情开始，或者从你好奇的事情开始。

如果没有专业的心理治疗师帮你设定界限，那么你需要自己做好这件事，明确你何时需要感受情绪，何时需要从情绪中抽离，转移注意力，让身心得到休息。如果你想花时间释放和表达情绪，那就先为自己准备好安全屏障。

▪ 一边记住，一边继续生活

回忆某个人会带来痛苦，而活在完全没有他们的记忆的当下也会带来痛苦，这两种体验似乎会相互冲突。生活不断给我们挑战，只要一点记忆偶尔闪现，就会立刻将你击溃。

随着时间的流逝，悲伤也会改变，其中一个改变就是把这两种体验融合到一起，或者通过尝试，找到让这两种需求共存的方式。既要开始新的生活，又要永远记住逝去的人。死亡会带走我们对未来的期望，但不会带走我们对过去的回忆，以及与逝去之人的连接。就像墨西哥人会在亡灵节举行庆祝仪式一样，我们也可以举行一些定期的仪式，在一些特殊的节日铭记逝去的人。通过这样的仪式延续你们之间的连接，同时认真选择一种既尊重过去又尊重未来的生活方式。

悲伤其实就是要走进痛苦，让痛苦洗涤你，安慰你，也支撑你，然后再走出痛苦，进入当下的生活。真正持久伤害一个人的并不是失去本身，而是为了逃避痛苦持续做的事。允许自己去悲伤，允许自己去释放内心各种各样的负面情绪，对走出悲伤是有利的，因为治愈悲伤的第一步，就是要允许自己感受痛苦（Samuel[1]，2017）。

▪ 从创伤中学会成长

我们经历失去后留下的创伤，不需要修复或治愈。因为我们不想忘记那些逝去的人，而是想记住他们，继续感受与他们的连接。所以创伤并不会减少或消失，而我们就是要努力地围绕着创伤构建新的生活（Rando，1993）。这是在心理治疗中很多人发现有用的概念，即兰多（Rando）提出的哀悼的焦点程序：承认亲人逝去的现实并接受；表达自己经历失去后的体验与感受；回忆和逝去之人共度的时光；告别过去；

---

[1] 朱莉娅·塞缪尔（Julia Samuel），悲伤心理治疗师，伦敦圣玛丽医院妇幼保健先驱人物，英国丧亲儿童基金会创始人，服务于英国国民保健署，同时创办个人诊所，25年来为无数丧亲家庭提供了专业心理辅导。——编者注

重新调整以适应新世界，但不忘旧世界；重新投入，创建新的关系、信仰、原则、目标和追求。

你会找到方法记住逝去的人，时刻感受到你们的连接，同时也尊重他离去的事实，继续生活下去。你会明白，痛苦与快乐、绝望与意义都是人生的一部分；你将掌握生存的能力，走出绝望的深渊，继续前行。

▪ 什么情况下需要专业人士的帮助

去看心理顾问、心理治疗师，并不意味着你对悲伤的处理出了问题。因为每个人都需要心理支持来帮助度过悲伤带来的痛苦，但并不是每个人都能找到信任的朋友或者愿意坦诚地聊这件事的人。心理诊疗室就相当于一个精神避难所，一个安全的空间，你可以在受过专业训练的心理治疗师的帮助下，释放原始的情绪。治疗师能坚定地陪伴你度过那段时光，帮助你理解发生的一切，教给你一些技巧，帮助你安全地管理情绪，更深入地了解悲伤。他（她）会以你从未体验过的方式倾听你，不做评判，不提供建议，也不会淡化事情，或者代替你解决问题。治疗师知道，治愈悲伤首先要感受痛苦，他们的工作就是陪你一起度过，并在你需要时给予指导。

本章小结

- 治愈悲伤的第一步是允许自己感受痛苦。

- 我们需要时间来适应亲人已不复存在的生活。

- 我们需要找到一种方法,即使亲人不在了,也能继续和他们保持连接。

- 接受新的现实,我们才能继续去做那些对我们很重要的事。无论你有什么样的感受,都是正常的。

- 不要低估每一小步的作用,稳步前进。

第十七章
力量的支柱

悲伤心理治疗师朱莉娅·塞缪尔在2017年出版的《悲伤的力量》(*Grief Works: Stories of Life, Death and Surviving*)一书中指出,走出悲伤需要力量,那些最关键的精神构件能支持我们,让我们重建生活,她称之为"力量的支柱"。这些支柱就像支撑一座建筑物一样把你支撑住,帮你抵挡住内心痛苦的侵袭。力量的支柱有以下几个方面。

处理与逝者的关系

我们失去了所爱的人,并不意味着我们对他的爱、与他的关系也走向终结。适应失去包括寻找新的方式去感受与所爱之人的紧密连接。比如,去你们一起去过的、有特别意义的地方,或者去墓地悼念。

处理与自己的关系

这本书的其他部分也谈到了自我意识,经历悲伤同样需要自我意识。我们应该了解自己的应对机制,找到获得心理支持的方法,在整个过程中照顾好自己的健康，关心自己的幸福，尽可能地倾听自己的需求。

表达悲伤

表达悲伤不存在什么正确的方式，如果你更喜欢安静地回忆、怀念或是与朋友分享，那么允许自己感受一切，并表达出来，有助于推动这个过程。当情绪特别强烈时，可以利用本书第三部分介绍的感受圆盘（见第116页）来帮助自己。

给自己时间

对自己需要多长时间走出悲伤抱有期待，这无异于自我折磨。当你感到不堪重负时，你可以只关注当下的每一天，直到你觉得自己足够强大，能以更广阔的视角看待未来。让自己在规定的时间之内承受全部压力，这只会增加痛苦和抑郁。

照顾好身心

正如我在第一部分所说的，我们的身体状态、情绪、想法和行为如同一个筐上的藤条（见第59页），其中一条有变化，其他几条也会受到影响。所以，我们必须照顾好体验的所有方面，这非常重要。有规律的锻炼，良好的饮食习惯，在你需要的时候保持一定的社会交往，都能促进身心健康。

设置界限

当身边的亲朋好友给你提出各种建议，告诉你应该如何管理情绪，应该何时回归正常生活时，记得提醒自己要设置界限。如果此时你正在建立自我意识，倾听自己的需求，就更需要设置界限，保持好心态，只做对自己有益的事。

结构

我在前面的章节中谈到，人类需要在可预测性与冒险性、结构性与灵活性之间取得平衡。我们在经历失去后，内心会变得脆弱，此时可以有一定程度的灵活性，允许自己感受悲伤。同时也要坚持一定水平的结构性，日常生活保持规律性。在悲伤带来的混乱中，我们可能感觉自己的世界失去了平衡，因此建立一个有结构的支柱是很有帮助的，会防止你的心理状态因为缺乏健康的行为（比如锻炼和社交）而变得更糟。

专注

如果用语言无法描述你的感受，那就将注意力集中在观察你的内部状态，想象那些身体里的感觉，这能帮助你觉察情绪状态和身体状态的改变。

本章小结

- 时间、努力与坚持能帮助你重建失去亲人后的生活。

- 通过新的方式与逝去的人保持连接,比如去你们一起去过的、有特殊意义的地方,或者去墓地悼念。

- 在整个过程中要尽可能地倾听自己的需求。

- 表达悲伤的方式无所谓对错。

- 不要规定自己必须用多长时间走出悲伤。

低自尊人格，经常自我怀疑怎么办

第五部分

ON
SELF-DOUBT

第十八章
如何看待别人的批评与否定

每个人都会有被批评、被否定的时刻,但从来没有人教我们如何正确看待,让这些反馈改进我们的生活,而不是破坏我们的自尊。

即使对批评和否定有一定的心理准备,我们也会在争取最重要的事情时因为畏惧而退缩。如果我们不能以健康的方式看待别人的批评与否定,那一定会有所损失。

我并不是想说不要在意别人对你的看法。实际上,这是人类的天性。批评也许说明我们在某些方面没有达到预期,有时(但并不总是)也可能是我们被拒绝或被抛弃的信号。所以,受到批评自然会触发你的应激反应。这种反应会让你做好准备,采取行动。从人类历史来看,群体的排斥会对个体的生存构成严重的威胁。现代社会跟以前相比有很大不同,但在某些方面仍然有很多相似之处:被排斥和被孤立仍然是健康的一大威胁,而大脑的重要任务就是保证我们在群体中的安全。

大脑除了能保证我们的安全，还能想象出别人对我们的看法，这也是帮助我们在社会群体中发挥作用的关键技能。自我意识与身份构建的基础不仅包括我们自己的体验、与他人的互动方式，也包括我们想象出的别人对我们的想法和看法。心理学上称之为"镜像自我"[1]（Cooley，1902）。所以，"你对我的看法会影响我接下来的行为"，这句话是有道理的。

我们试图告诉自己不要在乎别人的看法，但这只能起到短暂的激励作用，持续不了多久。

▪ 取悦别人

取悦别人绝不是表面上的与人为善。与人为善是值得推崇的品质，但取悦别人是一种行为模式，在这种模式中，你总是把所有人的利益放在自己之上，甚至不惜损害自己的健康和幸福。你会感觉无法正常表达自己的需求和喜好，无法坚守界限，甚至无法保证自己的安全。我们说"是"的时候，其实我们想说、需要说的是"不"。我们对被人利用感到气愤，但又不敢提出异议，也无力改变。被否定的恐惧永远不能消失，因为你总会犯错，会做出错误的选择，会冒犯某人——哪怕这个

---

[1] 镜像自我的概念最早是由被誉为"法国的弗洛伊德"的心理大师拉康·雅克提出的。他认为，我们时常通过观察他人对自己行为的反应而形成对自己的评价。每个人对于别人来说都犹如一面镜子，这面镜子不仅能够反映出经过它面前人的服饰、容貌，还能在一定程度上反映出这个人的态度、性格。人与人可以互相作为镜子，照出彼此的形象。——编者注

人你并不喜欢，也根本不想来往。

每个人都希望得到同伴的认可，但取悦别人可没那么简单。如果在一个孩子的成长过程中，表达不同看法是有风险的，如果别人对他的否定是通过愤怒或轻蔑的方式表达的，那么这个孩子从小就学会了如何在这样的环境中生存，让别人高兴就是他在童年时期磨炼和完善的生存技能。长大成人后，这些行为模式开始对他的人际关系产生有害影响。他会反复揣测自己的一举一动是否符合别人对他的期待，这甚至会妨碍他建立新的人际关系，因为他不敢保证对方一定也喜欢他，于是干脆放弃互动。

有些人并不总是通过批评的方式来表达他们的不满，对于喜欢取悦别人的人来说，这让他们面对的局面更加复杂。即使对方一句话也没说，他也会惴惴不安，觉得对方不认可自己。如果得不到对方的反馈，他的大脑就会开始展开想象。"聚光灯效应"这个心理学术语最早是由托马斯·季洛维奇（Thomas Gilovich）和肯尼斯·萨维斯基（Kenneth Savitsky）于2000年提出的，指的是人类通常会高估别人对自己外表和行为的关注度。我们每个人注意力的焦点肯定都是自己，于是想象别人也在这样关注我们，但实际上，别人关注的焦点通常也都是他们自己。所以我们才会经常假设别人对我们的评价是负面的或否定的，而实际上他们可能根本没有注意过我们。

那些有社交恐惧症的人往往更加关注周围人对他们的看法（Clark & Wells, 1995），而那些更自信的人往往更关注外部，对其他人更好奇。

所以，如果你的大脑非常关注别人的想法，或者你注意到自己的行为有取悦别人的倾向，要如何应对呢？怎样才能与别人建立有意义的关系，不被那些否定和评判困扰？如果别人的反对阻止了你按照你想要的方式生活，怎样才能让自己重新振作起来呢？

你可以这样看待批评：

·培养对批评的耐受力，同时保持自我价值感。

·对于负面反馈要保持开放的、学习的心态，它能帮助你进步。

·不必理会那些只是反映别人的价值观而不是你自己的价值观的批评。

·弄清楚哪些意见对你来说最重要，以及为什么重要，这样你才能知道何时需要反思和学习，何时需要放下并继续前进。

▪ 理解别人

大多数挑剔别人的人也会对自己很挑剔，这就是他们对自己和对其他人说话的方式。他们的批评只代表他们的个人行为，不能反映你作为一个人的价值。特别是带有人身攻击的对你毫无帮助的批评，就更是如此。

人类有一种以自我为中心的思维倾向，其表现形式就是，我们坚持认为其他人必须按照我们的价值观生活，并和我们遵守同样的规则。这就意味着有些批评是从挑剔的人的世界观出发，忽略了每个人都有不同的生活经历、价值观和个性的事实。

人们通常会根据自己的生活准则来批评别人，记住这一点很有帮助,尤其是那些喜欢取悦别人的人。我们希望得到所有人的认可,但每个人都有自己独特的想法和观点,所以我们不可能取悦所有人。如果对方与你的关系非常密切,你也许会更重视他的意见(他的批评也会让你更痛苦),但如果你有更深刻的洞察力,你就能更好地理解批评背后的原因。

背景决定一切,但我们并不总是能了解到批评者的背景,因此也就很难看清批评的本质——一个人的想法中包含着自己的体验。我们的本能反应就是把批评当作事实,认为它能表明我们是谁,因此我们开始质疑自己的价值。

▪ 培养自尊感

并非所有的批评都是不好的。如果批评针对的是具体的行为,你会进行反思,改正错误并修复关系;但如果批评是在攻击你的人格和你作为一个人的价值,你就会产生羞耻感。

羞耻感是一种极度痛苦的感觉,往往与愤怒或厌恶等情绪掺杂在一起。羞耻感与尴尬不同,尴尬没有那么强烈,往往只在公共场合才会感受到。羞耻感要痛苦得多,会让你无法表达、思考或做任何事情。你只想要消失或躲起来,你的身体反应也会非常强烈,短时间内很难恢复。

羞耻感是如何触发我们的威胁系统的呢?那种感觉就像是有人擦了

根火柴，把所有其他的情绪都点燃了。你会感到一股强烈的愤怒、恐惧和憎恶。接下来，"自我攻击"就像敌人的大军浩浩荡荡而来，连同"自我批评"、"自我贬低"和"自我责备"一起将你包围。面对如此猛烈的冲击，你本能地想把它们全都挡在外面。但羞耻感可没那么容易屏蔽，于是你会去做那些最有诱惑力、最容易上瘾的事，以此来让自己获得瞬间的解脱。

我们可以通过学习来培养羞耻感复原力，但更需要生活中的实践。有了羞耻感复原力并不意味着你就永远感受不到羞耻，而是可以在挫败中重整旗鼓，振作起来。

怎么做才能摆脱羞耻感，重获自尊感呢？

·弄清楚是什么触发了你的羞耻感。我们通常会把生活的某些方面或生活中的某些事情看作自我身份的一部分，比如子女教育、外表、能力等，任何与自我价值有关的东西都会引起羞耻感。为了建立和保持自尊感，你必须明白，你作为一个人的价值并不取决于你会不会犯错。

·要结合事实去核实批评以及各种评判，无论是别人对你的批评，还是你脑海中的自我批评。批评和意见都不是事实，只是一种叙述，但它们会明显改变你对世界的体验。所以，要想保持自尊感，就需要过滤掉那些辱骂性的批评和人身攻击，只关注针对具体的行为以及后果的批评。要经常提醒自己，每个人都是不完美的，会犯错，也会失败。批评自己只会让你的自尊感不断下降，你为此耗费了太多精力，根本没有力气去改变。改变的起点是接纳：虽然我有缺点，虽然我犯过错，可我依然爱自己，我认为自己是有价值的，而且一定会从失败中吸取教训，变得更好。

・注意你对自己的评价。批评总会让人觉得有些受伤，这是因为我们的大脑在尽力保护我们的安全，就好比给我们穿上了一层"铠甲"。可是如果最苛刻的批评恰恰来自你自己，那"铠甲"还有什么用呢？任何一句刻薄的评价，都会让你崩溃。在接下来的几个小时里，你的脑海里翻来覆去想的都是自己的问题和缺点。大脑之所以会特别关注批评，是因为批评代表着威胁，每当你在脑海中重温这些批评时，应激反应就会被再次触发。受到一次打击的感觉就相当于受到了一百次打击。所以，你应该把时间花在那些有益的批评上，利用它们来改进自己。反复思考那些对你没有什么帮助的恶毒的批评，只会让你陷入更严重的自我攻击。

・受到批评后，要用正确的方式与自己交谈。如果你想摆脱羞耻感，重新振作起来，做到这一点非常重要。当我们产生羞耻感时，还会伴随着自我厌恶感，我们会说服自己，需要继续自我攻击。在我们看来，我们不应该尊重自己，共情自己，这样做是对自己的纵容，是不负责任，放弃努力。但实际情况是怎样的呢？想要一个人从地上爬起来，你应该停止鞭打他。想要发挥批评的积极作用，关键就是要支持自己、共情自己，这样你才能仔细倾听并分辨，哪些批评值得采纳，能从中学到经验，哪些批评只会伤害你的自尊，摧毁你的自信。

・说出你的羞耻感。联系你信赖的人，向他们吐露心声。隐藏秘密、闭口不谈、对自己妄加评判，只会加剧羞耻感。与那些能和你共情的人分享你的体验，能帮助你摆脱羞耻感，继续前进。

▪ 理解自己

要想理性面对批评，你需要弄清楚以下几点。

·哪些意见对你来说真正重要？为什么？谁的意见对你最重要？那些说"我不在乎任何人的想法"的人都不是真心的，这句话背后隐藏着一个没有安全感的内心世界。它会阻止你与他人建立有意义的连接，关闭对你很重要的交流渠道。在你的列表中，那些意见重要的人一定不能太多。而且要记得，认为谁的意见重要，并不意味着你要去取悦他们，只是说明你愿意倾听他们的反馈，包括正面的和负面的反馈。你知道那一定是坦诚的、真实的反馈，是从你的利益出发的，因此也是对你最有帮助的。

·你做这件事的原因。你最需要认可的人就是你自己。当你的生活与你的价值观、与你所看重的东西不一致时，你就会觉得生活没有意义，觉得不满足。你应该了解自己想成为什么样的人，想要过怎样的生活，要为这个世界做出怎样的贡献。这就是你要选择的路。当你清楚地知道你是谁，你想成为什么样的人时，就能更容易地分辨出哪些批评应当虚心接受，哪些批评可以置之不理。

·那些熟悉的批评的声音究竟来自哪里？对我们有益还是有害？你

身边有没有那种吹毛求疵的人，即使他不开口，你也仿佛能听见他批评的声音？如果有这样的人，长此以往，你会将他的批评内化，最后这就成了你与自己对话的方式。你会对自己非常苛刻，因为你已经习惯了这样做。自我苛责这种对话方式是后天学会的，认识到这一点，你就可以重新学习一种新的自我对话方式，那会对你更有帮助。

本章小结

- 学习正确地看待批评与否定，这是一项重要的生活技能。

- 我们天生就在乎别人对我们的看法，说"我不在乎任何人的想法"的人都不是真心的。

- 取悦别人绝不是表面上的与人为善，而是在任何情况下都把别人的需求置于自己的需求之上，甚至不惜损害自己的健康和幸福。

- 要理解为什么有些人总是吹毛求疵，这对你很有帮助。

- 你可以培养自尊感与羞耻感复原力，这能改变你的人生。

第十九章

建立信心的关键

　　我在一个小镇上长大，年少时的我非常自信。后来，我离开家乡到一百多公里外的城市上大学，却失去了我本来拥有的自信。我开始变得脆弱，对自己没信心，也不知道怎样适应新的环境。但随着时间的推移，大学生活成了新的常态，我也再次一点一点地建立起自信。

　　毕业后，我在一家成瘾治疗服务机构做研究员，大学时培养起来的自信似乎又不足了。我必须再次鼓起勇气，克服脆弱，在新的领域重建自信。同样的事情发生在我开始临床培训的时候，接着就是在我取得资格证书之后，在我第一个孩子出生之后，在我开设心理治疗诊所之后，在我通过社交媒体发表我的作品之后。

　　每一次角色转换，我都经历了从自信满满到信心不足的过程，感到自己无比脆弱。自信就像你为自己建造的一个家。每到一个新的地方，你就要建造一个新的家园。但你并不是从零开始，每一次踏入未知的领域，尝试新的事物，你都会感到脆弱，也会犯错，但克服它们之后，你又会重新拥有自信。我们能开始新的篇章，就证明我们可以应对艰难的挑战。我们带着勇气一次又一次地实现自我飞跃，就像表演空中飞人的演员，每次松开一条秋千索，再去抓住下一条秋千索的时候，都需要有足够的勇气做出飞跃。这些演员很容易受伤，安全也得不到百分之百的保证，但每次尝试的时候，他们都知道自己有勇气面对风险。

▪ 要建立自信，就去你没有自信的地方

自信与舒适不同。关于自信最大的误解就是认为自信意味着无所畏惧地生活，而建立自信的关键恰恰与之相反——当我们在做对我们很重要的事情时，要允许畏惧的存在。

当我们在某件事上建立起自信时，感觉会非常好，而且想要一直保持这样的状态。但是，如果我们只待在让我们有自信的地方，只做我们有信心做好的事，那就会限制我们的发展领域，对新事物和未知事物的恐惧也会增加。要想建立自信，你必须跟脆弱做朋友。自信的人可以坦率地说出自己的脆弱，也不会为自己的脆弱感到羞愧。

只有在我们没有自信的时候，才有增强信心的机会。当我们敢于克服畏惧，面对未知时，这样做的勇气从根本上帮助我们建立起了自信。首先要有勇气，其次才有自信。当然，这并不是鼓励你冲动行事，把自己置于险境。

不过我们必须认识到，畏惧实际上能够帮助我们发挥出最好的水

平，我们需要改变自己与畏惧的关系，在做出尝试前不必先想着要消除畏惧，而是要带着畏惧之心前进。

大家可以利用图7这个认知模型（Luckner & Nadler，1991）帮助自己建立信心。记下你生活的哪些方面可能是舒适区，哪些任务可能有挑战性，但还是可以接受，哪些方面属于恐慌区。每一次进入延展区，都是你勇气的体现，可以帮助你建立自信。

建立自信的过程，也是学着自我接纳、自我关怀、认识脆弱和畏惧的价值的过程。这是一个不容易取得平衡的过程，本书中的所有工具都可以用在这个过程中，它们都有助于提高你的能力，让你既能坚持不懈地努力，又能经受住不适，还能适时后退一步，给自己补充体力。

要想实现自信心的飞跃，有足够的勇气进入延展区，你应该做到以下几点：

· 认识到只要努力就能提高。

· 愿意暂时忍受脆弱所带来的不适。

· 向自己承诺，无论成功还是失败，你都会支持自己，尽力做到最好。以自我同情为生活准则，成为你自己的导师，而不是对自己最苛刻的批评者。

· 当我们了解了如何克服失败所带来的羞耻感时，就不会为了逃避它而放弃追求梦想。具体请看本书的第三部分。

· 建立自信并不是让你一直生活在畏惧中。我们必须习惯每天都要面对畏惧，接受畏惧，再从畏惧中走出来，给自己时间恢复活力，补充体力，为明天的挑战做好准备。详见本书的第六部分。

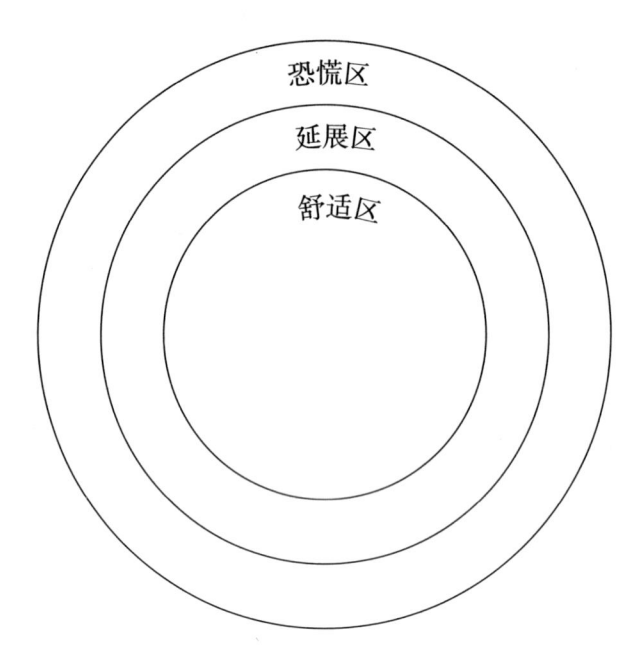

图7：认知模型

▪ 你为什么不需要提高自尊

围绕自尊这个概念已经形成了一套完整的理论体系：只要你相信自己，你就能表现得更好，从而改善你的人际关系，提高整体幸福度。

自尊通常是指一个人能积极地评价自己，并相信这些评价（Harris，2010）。因此，那些想要帮助你提高自尊的人都会让你列出你喜欢自己的哪些方面，你有哪些优点，并试图说服你相信，你一定能"成功"。但世俗对"成功"的理解有一些问题，人们往往把它与财富、胜利、出人头地、被他人认可等联系起来。那么，你怎么判断自己是否成功了呢？你会和他人比较。如果你上网，全世界有46亿网民，这么庞大的用户群，你肯定能找到在某个方面比你做得更好的某个人。当你这样比较的时候，你的自尊就会受到打击，开始把自己看作失败者。

如果你不上网，只和你的朋友、家人比较呢？这样做也绝对培养不出健康的人际关系。用"成功"的判断标准去衡量一个人是否有价值，你会很难和那些你去比较的人建立真正的连接。试想一下，如果你失业了，而你的朋友却升职了，你会怎么想呢？有一组心理学家的研究表明，高自尊与更好的表现、更好的人际关系没有相关性，但高自尊确实与傲慢、偏见和歧视相关（Baumeister等，2003）。他们还发现，没有明显证据表明，通过干预来提高自尊有任何好处。

自尊不能取决于是否"成功"，否则你就要永远为自尊付出代价。只要有任何你不够好的迹象，你就会给自己贴上"不够好"的标签。

你就像一只在滚轮上不停奔跑的仓鼠，驱使你的是稀缺心态[1]和对自己"不够好"的恐惧。

▪ 抛开积极的肯定

只要打开社交媒体，你就能看到许多自我肯定的话。人们普遍认为，只要你肯定自己的次数足够多，你最终就会相信它，并成为那样的人。但事实证明没那么简单。对于那些高自尊并相信自己的人来说，反复的肯定确实有一些好处，会让人感觉好一点。但还有一些研究表明，对于低自尊的人而言，如果反复肯定自己，说一些自己内心并不真正相信的话，比如"我很坚强，我很可爱"，或者一心一意寻找证据来证明这些肯定，这只会让他们感觉更糟（Wood等，2009）。

这可能是因为每个人都有内在对话。如果你一直说自己很坚强、很可爱，但自己并不相信，那你内心的批评者就会开始列出所有你既不坚强也不可爱的证据，结果就是引发你内心的一场交战，你会花大量时间回想过去那些失败的事，然后又拼命想把它们从你的脑海里赶走。

那么，我们该怎么做呢？前面提到的研究还发现，如果告诉那些低自尊的人，即使产生消极的想法也没关系，他们的情绪就会有所改善。

---

[1] 稀缺心态，又称"稀缺俘获大脑"、稀缺思维，是由于事物稀缺而形成的一种稀缺心态，而且这个过程是无意识的。当我们的大脑被稀缺俘获的时候，我们会专注于解决稀缺状况，这样会导致两个现象：专注红利和管窥负担。——编者注

他们不必再努力说服自己相信那些他们根本不相信的事。因此,当我们觉得脆弱的时候,完全不必告诉自己"我很坚强"。我们可以承认脆弱是人性的一部分,共情自己、鼓励自己,把注意力转向那些能帮助我们重拾信心的事,利用我们学习到的心理技巧,度过艰难时期,朝着自己所期待的目标努力。相信自己有更积极的一面的最好方法,就是用行动来创造证据。

虽然对于那些低自尊的人而言,自我肯定并不是最好的策略,但如何评价自己仍然很重要。如果错误和失败让你毫不留情地进行自我攻击,那你绝不能任其发展。职业运动员都有自己的职业教练,而我们在日常生活中没有专人指导,所以必须成为自己的教练。失败引发的自然的情绪反应会影响我们的思考,让我们更容易自我批评。虽然我们阻挡不了失败,但我们可以用一种对自己更有利的方法来应对它。要想建立自信,你必须成为自己的教练,而不是最苛刻的批评者。这个方法能帮助你振作起来,重整旗鼓,全力应对失败。职业教练不会用言语打击你,也不会说连你自己都不相信的溢美之词。他们只会诚实、负责、无条件地鼓励你、支持你。无论比分如何,他们都会站在你这边,关注着你的每一点成长。对自己做到这一点并不容易,但我们可以锻炼这项技能。

🔧 工具箱:改变你与畏惧的关系,建立自信

要想在让你感到紧张的事情上建立自信,你可以练习欣然接受畏

惧，与它共处，而不是回避它。要做到这一点，你不必把自己置于一个会引起强烈恐慌的环境中。事实上，那非常不可取。相反，你应该先小心摸索，从舒适区稍微走出来一点点，让自己既能感受到应激反应，又不会被击垮。

- 写下你想要建立自信的场景，把最让你感到无助的场景列在最上面，然后列出这种场景中会发生的各种变化，这些变化可能容易控制，也可能具有挑战性。比如，我想在社交场合建立自信，我最不自信的场景就是派对。比这稍微轻松一些的是所有来宾我都认识的派对，再轻松一些的是亲密朋友的小型聚会，更轻松的是和最信赖的朋友一起喝咖啡。单子列好后，你不用从最上面最难的那个开始，可以选择一个有挑战性但难度又不大的场景，然后尽可能地重复这一行为。一旦自信心有所提升，这个场景就会变成你的舒适区，接下来你就可以去完成清单上的另一个挑战了。

"完美的养育者"这个工具最初是由保罗·吉尔伯特（Paul Gilbert）和黛博拉·李（Deborah Lee）提出的，常用在慈悲聚焦疗法（Compassion Focused Therapy，简称CFT）中。当你需要建立自信时，这个方法能帮助你把注意力转向你需要的自我对话。

- 完美的养育者指的是这样一种角色——当你需要安全感、需要支持时，你就可以去找这个人。如果你更喜欢教练这样的角色，也可以用教练来代替。

- 在你的脑海中塑造一个完美的养育者或教练的形象（可以是真实存在的人，也可以是想象中的人）。

·想象你正在和他分享你目前面临的问题、你的感受以及你想要做的事情。

·花点时间具体地想象一下,完美的养育者或教练可能会如何回应,并写下来。这些话为你以后回应自己打下了基础。因为你正在努力建立自信,所以不可避免地要面对自己的脆弱。

本章小结

- 一个人只有在缺乏自信的情况下才会增加自信。

- 想要建立自信，就要走出舒适区。每天重复这样做，你的自信心会与日俱增。

- 自信会根据情境而改变，当情境发生变化时，你要相信自己能克服畏惧，从而增强自信。

- 你不需要把自己置于最恶劣的环境中，可以从小的改变开始。

- 在建立自信的过程中，要做自己的教练，而不是最苛刻的批评者。

- 先有勇气，再有自信。

第二十章
你的错误不能代表你这个人

很多自我怀疑都与我们和失败的关系有关。我不会告诉你,你要接受失败,一切都会好起来。这都是骗人的。失败从来都不容易接受,它会让你伤痕累累。我们都希望自己很优秀,希望被别人接受,而失败是一个信号,说明你还不够优秀。

我们不仅要改变自己与失败的关系,还要改变看待他人失败的方式。如果你在社交媒体上花太多时间,你就会对失败产生极度的恐惧。你在网上说错一句话,就会招来大批网友的围攻,他们会用各种难听的话辱骂你,无论你取得了怎样的成就,有多么高的知名度,他们都要让你万劫不复。我确实看到过这样的情况,有些人的措辞稍有疏漏,就得诚惶诚恐地向大家道歉。社交媒体就是放大的社会,在我看来,这正好说明任何形式的失败都会让人产生强烈的羞耻感。那些对自己极为苛刻的人对其他人也会吹毛求疵。如果我们相信,不管什么原因,犯了错就是一种耻辱,就应该受到羞辱,那我们又怎么可能去冒险犯错呢？

　　别人对你的失败的看法，并不能代表你的个性以及你作为一个人的价值，只能说明这个人是如何看待失败的，明白这一点对我们很有帮助。人们总是会相互攻击对方的错误，身处这样的环境，接受失败是很难的。无论人们对于失败怀有多深的敌意，要想改变与失败的关系，我们必须从自己开始。无论环境是否安全，每一次失败都会让我们受伤，所以，我们会不惜一切代价避免失败。当事情变得困难时，我们就马上放弃，转而去做更容易、更安全的事，或者干脆就拒绝开始。这两种做法都会让人上瘾，因为它们都能带来令人幸福的解脱感。呀！我们长舒一口气，今天总算不用面对这件棘手的事了！长此以往，最终它会成为我们生活的一种模式，让我们躲在甜蜜的舒适区中，整天没精打采、懒洋洋的，干什么事都提不起劲头。

　　与抗拒失败相反的做法是把失败当成学习和成长的一部分，那我们怎么才能做到呢？能理性地讨论失败是一回事，真正去感受失败、相信失败的价值又是另外一回事。信念就是一切，只有你真正相信它，它才会起作用。所以，跟自己说"失败也没关系"根本没用。我们不能保证别人会作何反应。总有人会批评你，当你跌倒时，也不是所有人都会扶你一把。我们唯一能做的就是全心全意地支持自己。首先你得认识到，要想从失败中走出来，不能依靠别人。如果有别人的支持当然很好，但你不能指望着一直有人站在你身后。如果复原只能依靠自己，你要向自己保证，你会承担起责任，用共情抚慰自己的创伤，跌倒后重新振作起来，这些都对你至关重要。

▪ 如何从失败中站起来

·如果你发现自己沉迷于一些事，想麻痹自己，比如没完没了地看电视、喝酒、抱着手机刷短视频，那你要试着去弄清楚你身体里的感觉，还有你的冲动和行为透露出来的关于你的感受的信号。失败带来的痛苦会驱使我们去屏蔽负面情绪，即使你一开始没注意到自己的感受，你也可以觉察自己是通过哪些行为屏蔽情绪的。

·摆脱困境。还记得《变相怪杰》里金·凯瑞摘下面具后发生了什么吗？只要面具不在他身边，影响力就会减弱。我们也可以把情绪看作面具，它只是给你带来冲击的一种体验，而不能代表你是谁。你也可以给情绪贴上标签，后退一步审视它，给你的思维模式贴上标签，后退一步审视它，你会发现大脑所讲述的正在发生的事情并不是事实，而是观点、理论、叙事。这些观点掺杂着过去和现在你对自己的不满，还有让你受伤的、失败的记忆。如果你能慢慢地了解自我批评的声音来自哪里，以什么形式出现，你甚至可以给这股思维的暗流起个名字：嘿，原来海蒂躲在这里，快把她赶走。这样做可以帮助你远离自我攻击，给你更多选择，你可以选择相信这些攻击都是事实，也可以直接把它们看作无效的观点。

·注意你想阻止痛苦感受的冲动，并反复提醒自己，不要冲动行事。当我们不再与情绪对抗，而是允许情绪的力量冲击我们时，我们可能会痛苦，也可能会混乱，但它迟早都会过去。如果我们试图回避情绪，压制情绪，它就会一直在那里，伺机爆发。与屏蔽情绪相反的做法是带着好奇心靠近它，观察并注意整个体验，同时进行下一步。

· 安慰自己。你希望你最好的朋友怎样支持你，你就怎样支持自己。诚实面对自己，无条件地爱自己、鼓励自己。"是，这确实太难了，坚持一下！"最好的朋友知道他并不能帮你解决问题，但他会始终坚定地站在你身旁。

· 从失败中学习。职业运动员的教练会帮助他们分析在每一场比赛中的表现，不仅会找出哪里有问题，也会分析是什么原因造成的。所以，当挫折给你带来的痛苦已经平息时，你就应该开始从挫折中吸取有用的经验。不要忽视你做得好的地方，成功和失败都值得欣赏。做你自己的教练，这样才能从经验中学习和进步。

· 回到重要的事情。每一次失败和挫折都会让我们受伤，但要振奋精神，重新出发，这样才能朝着符合我们价值观的那个方向继续前行。如果你仍然被失败的痛苦所折磨，那你可能不太愿意再次尝试，相反，你想逃跑，想躲起来。不要在痛苦中做出草率的决定，而是要从你的价值观出发，想想你为什么要这样做，这能帮助你做出最符合自己利益、和你的目标一致的决定。当然，我很清楚失败会给我们带来多大的打击，所以，请慢慢来。重要的是，先从失败中学习，等你准备好，再重新出发。

有关价值观的详细内容可以参见本书第269页。冲动之下，我们不一定能冷静地检查自己所做的事是否都符合我们的价值观。在这样的时刻，你只需要问自己："将来我回顾这段经历时，我做的哪些选择会让我感到自豪？一年后的我会庆幸自己做了哪些事？怎样才能从失败中学习、进步？"

本章小结

- 大多数自我怀疑都与我们和失败的关系有关。

- 别人如何看待你的失败并不能说明你的个性，也不代表你作为人的价值。

- 失败带来的痛苦会驱使我们麻痹自己，自我封闭。就算你一开始没有觉察到自己的感受，你也可以觉察自己是通过哪些行为来屏蔽情绪的。

- 做自己的教练，把失败变成学习的机会，你才能不断进步，朝着你觉得最重要的方向努力。

- 失败会引发巨大的情绪反应，所以不要着急。

第二十一章

对自己更"狠"一些

大多数人在自我接纳的过程中都会碰到一个障碍，那就是他们误以为自我接纳会导致懒惰和自满，自我接纳就是相信自己本来就很好，因而就会失去改变的动力，不思进取。事实上，研究告诉我们，那些懂得自我接纳和自我关怀的人更不惧怕失败，也更可能坚持下去，而且通常更自信（Neff等，2005）。

在自我接纳时对自己表现出共情，并不是说我们在遇到困难时毫不在意外界的看法，被动地放任自我接受失败。无条件地爱自己有时反而意味着我们要对自己更"狠"一些，选择一条更艰难的道路，因为这样做符合你的最大化利益；自我接纳就是不在自己失意时再踩自己一脚，不沉溺于自我厌恶，而是在自己摔倒之后用尽全力把自己拉起来。

两种做法的不同之处在于，一种是出于爱和满足，另一种是出于恐惧和匮乏感。

如果我们不努力学习自我接纳，我们就会不断需要别人的肯定，困在我们厌恶的工作和给我们带来伤害的关系中,过着充满怨恨的生活。

那么,要如何做到自我接纳呢?

▪ 了解你自己

这听起来很简单,但实际上很多人都没有审视过自己的行为模式,这些行为模式会影响我们的生活体验。要想接纳自己,首先我们得了解自己是谁,想成为怎样的人,我们需要练习自我觉察。通过自我反思获得自我意识,比如写日记、跟心理医生或朋友聊天,都能帮助我们反思自己和自己的体验,让我们更好地了解我们是谁,为什么我们要做这些事。自我接纳包括倾听并满足自己的需求,如果不留心,我们往往很难注意到这些迹象。

在这个过程中,重点要去关注那些能让你感到骄傲的事,以及那些你也许不愿意想的事——你不喜欢的事,让你感到焦虑或遗憾的事,你想要改变的事。当你反思自我那些困难的部分时,你应该以旁观者的身份共情自己,这样你才能从中学习。如果反思那些困难的部分会引发强烈的情绪,让你很难清晰地思考,那么你应该向心理治疗师寻求支持,帮助自己渡过难关。

▪ 描绘出自我接纳的画面

假设你从合上这本书的那一刻起,就开始无条件地接纳自己,那会是怎样的情景?你会有哪些不同的做法?你会对什么说"是"?你会对什么说"不"?你会在哪些方面更加努力?你会放弃什么?你会如何与自己对话?你会如何与他人对话?

试着把你的答案详细地记下来,并设想你能把自我接纳的想法转变成改变的行动。和大多数改变一样,先是行动,然后是感受。所以,想要过一种能让你产生自我价值感的生活,就要付诸实践,确保你做的每一件事都符合无条件地自我接纳这个原则。

▪ 接纳自己的一切

即使你能一直保持稳定的自我意识,你也会经历各种各样的情绪状态,从一个时刻到另一个时刻,情绪状态不断变化。我们在不同的场景扮演不同的角色,做出不同的行为,很多人会把这些看作自己的不同部分。根据我们早期的生活经历、外界对我们的情绪状态的回应,我们能感觉到自我的某些部分比其他部分更难被接受。如果在你成长的过程中,愤怒是不被接受的,那么当你感到愤怒时,你就不大可能共情自己、接纳自己。因此,你的自我接纳是有条件的,是以你的感受为判断依据的。

💡 **试试看：** 学着有意识地去回应不同的情绪，从情绪中后退一步，通过下面的慈悲聚焦疗法中的练习（Irons & Beaumont，2017），用共情来回应自己的情绪。

回想一下最近发生的触发你多种情绪的事情。最好从不太痛苦的事情开始，这样你在练习时就不会出现情绪波动。

1. 把你对这件事的想法写下来。

2. 写下这件事引发的情绪，比如愤怒、悲伤、焦虑。

3. 从你确定的情绪中选择一种，让自己与这种情绪相连接，并思考下列问题的答案。

（1）你身体的哪个部分能注意到这种感受？你是怎么知道那种感受存在的？

（2）你的哪些想法与那种感受有关？如果那种情绪会说话，你觉得它会说什么？

（3）伴随着那种感受的是什么冲动？如果那种情绪能够决定结果，它会让你怎么做？（比如，焦虑会让你想逃跑，愤怒会让你冲别人大吼大叫。）

（4）你的这个部分需要什么？怎样能让那种情绪平复下来？

对你出现的每一种情绪都这样提问并回答，你就能对自己产生共情，开始无条件地接纳自己。

做这个练习的时候，在进入下一种情绪之前（如果你有很多种复杂的情绪），要给自己一些时间，从你和情绪的连接中后退一步。每次这样做，你都是在增强化解情绪的能力，并且能很好地理解情绪，而不会被情绪击垮。

这项练习能帮助你审视复杂的情绪，能让你明白，即使是过去你认为不能被接受的情绪，也都是正常的情绪。情绪不过是对于不同情境的解读方式，所以我们可以得出不同的结论，决定下一步应该怎么走。我们一直被教导要严苛地对待自己，而花些时间站在一定高度俯视自己的情绪体验，可以培养我们对自己的共情能力。

▪ 停止自我批评

·你是怎么自我批评的？你用了什么样的词语？

·你主要批评自己的哪些方面？

·你会批评自己的哪些方面，外貌、表现、性格？你在和别人对比之后会批评自己什么？

·某些形式的自我批评可能比其他形式的更具破坏性。

·在遭遇失败后告诉自己"我不行"，这也是一种自我批评。

·进一步发展的话，你会厌恶自己、憎恨自己，产生深深的羞耻感。

💡 **试试看**：下面这项快速练习能帮助你远离内心的那个批评者，并看清楚它的真实面目。

当你反思你自我批评的方式时，花点时间把那个内心的批评者想象成一个站在你面前的人：他会是什么样子？他跟你说话时是什么样的表情，语气如何？他想表达怎样的情绪？你面对他的感觉如何？你觉得他的意图可能是什么？有没有可能他其实是想帮助你，结果却起了反作用？你愿意跟他待在一起吗？他能帮助你过上幸福生活吗？最后问问你自己：每天都花一个小时在那个批评者身上，会对你产生怎样的影响？

▪ 找到自己富有同理心的一面

如果在生命的大部分时间里，你内心的批评者都是你的亲密伙伴（其实你并不需要），那你不可能让他立刻就消失。你不断地重复批评这个行为，大脑很容易就使用相对应的神经通路，你就会经常能听到那个批评的声音。你需要给自己提供一个新的、更健康的、更有帮助的声音，然后开始练习。就像你专门花时间去听、去看内心的批评一样，也把你富有同理心的那一面找出来吧，那一面的你希望你过得好，并认识到自我攻击会造成伤害。那一面的你希望你不断成长，取得成就，并且这是出于对你的爱，而不是因为羞耻感。

想想看，富有同理心的自我对话应该是什么样的？注意，这与积极思考不同。一个富有同理心的人不仅诚实善良，而且会鼓励你、支持你，希望你过得好。你对别人表达共情的时候会怎么说？别人对你表达共情的时候会怎么说？回想一下：他们看你的眼神是怎样的？他们说了些什么？给你的感觉如何？如果能随时听到那样的声音，你会有什么感觉？

💡 **试试看：** 要增强对自己的同理心，只需定期做一些练习。试着给自己写一封充满关怀和理解的信。不要刻意，自然而然地去写，就像在给一个正遭受痛苦或尝试改变的好朋友写信。你会如何向他表达你一直都在支持他，并希望能减轻他的痛苦？写这封信不是为了给别人看，这是接近你富有同理心的自我，并通过各种表达方式进行思考的过程，可以帮助你锻炼"心智肌肉"，让你在最需要的时候使用它。

如果你很难共情自己，那就想想你无条件地爱着的那些人，想象你正在给他们写信，使用他们对你说过的话。

本章小结

- 有一种误解，认为自我接纳会让人变得懒惰、自满、缺乏动力。

- 研究表明，那些能学着自我接纳、自我关怀的人不太可能惧怕失败，即使遭遇了失败，他们也更愿意再次尝试。

- 自我接纳不是被动地接受失败。

- 自我关怀也包括选择那条更难走但对你更有利的路。

极度焦虑,
整天忧心
忡忡
怎么办

第六部分

ON FEAR

第二十二章
消除焦虑

　　从记事起，我就有恐高症，从来不敢去特别高的地方。后来我遇到了现在的丈夫马修，有一次我们一起去意大利旅行，准备参观比萨斜塔。就在我站在塔底抬头往上看的时候，马修突然掏出两张门票，要和我一起登上塔顶。我深吸一口气，又抬头望了望这座倾斜了3.99度的高塔，真担心它马上就要倒下来。

　　我感到头晕目眩，心开始怦怦狂跳。可是票都已经买了，只能硬着头皮上去。要想到达比萨斜塔的顶部，我们必须沿着塔内盘旋的狭窄石阶拾级而上。石阶很不平整，当我往上爬时，只感觉斜塔正在倒塌。我身后是长长的游客队伍，根本无路可退。到了塔顶，我感觉塔身倾斜得更厉害了。其他游客都径直走到塔边去眺望风景，而我则有股强烈的冲动，想要马上回到地面。我双腿颤抖着走到离塔边远远的地方，趴倒在地上。虽然我也想强装镇定，可此时我对从高处掉下去摔死的恐惧已达到极致，完全顾不上形象了。趴在地上并不会使我更安全，这种行为根本不合逻辑，但我的大脑已经向身体的某些部位发出强烈信号，让我赶紧趴下来。我不敢抬头看风景，一直低头盯着地上的石板。马修还拍了一张我当时趴在地上的照片，现在回想起来，这真是一段有趣的回忆。但当时到底发生了什么？我为什么会有趴在地上的冲动？

因为我小时候就有恐高症，所以当我看到那两张门票，想象着自己爬到塔顶的那一刻时，我的身体就做出了反应——心跳加速，呼吸变得急促，手心冒汗。倾斜的塔身让我预测自己随时都可能掉下去摔死。大脑警报系统向我发出信号，让我躲到安全的地方。就像烟雾警报器一样，它没有时间去考虑所有的事实，它的职责就是感知到危险，并及时告知我。大脑从我体内发出的求救信号获取信息，从我的感官获取关于周围环境的信息，然后将这些信息与上一次我有类似感受时的记忆结合到一起。烟雾警报器也是这样，发生火灾时它会响，面包烤煳了它同样会响。我会产生趴在地上的强烈冲动，是因为大脑给了这样一个建议，我的身体必须认真对待（塔顶的其他人一定觉得十分好笑）。我的恐惧压倒了一切，所以我做了我首先想到的能让自己更安全的事。我只想让恐惧快点消失。

这种想要逃到安全地带的强烈欲望并不是大脑出了问题，那只是大脑在竭尽全力保证我的安全。但问题在于，我的行为并没有让我更安全，只是让我感觉更安全。

别人问我最多的问题就是如何消除焦虑，这个问题很有意义。轻微的焦虑只是让人有些不舒服，而严重的焦虑会让你崩溃。当你感到焦虑时，你的身体会超负荷地工作，让你疲惫不堪。没有人愿意每天生活在焦虑中。

这就是我在比萨斜塔上出问题的地方，我的行为对我的恐高症几乎没有帮助。我尽可能地避免恐惧，趴在地上，不敢看外面的景色，一直紧紧地闭着眼睛。我试图说服自己，我并不是在高处。直到离开比萨斜塔的那一刻，我的恐惧才随之消失。当我的双脚再次踏上我梦想中的柔软的草地时，我终于长舒一口气，身体也立刻平静下来。大脑对我说："吁！这很危险！以后可不要再这样做了！"我尽可能地去消除内心的恐惧，但所有能让我们瞬间得到解脱的做法，只会让我们长期陷入困境。

如果我当时就明白这个道理，我一定会这么做：爬到塔顶，眺望外面的景色。我仍然会感到恐惧，但这一次我会允许它的存在，而不是试图逃避。我会通过控制自己的呼吸来应对恐惧。专注于慢慢呼吸，并提醒自己，我的身体和大脑之所以会做出这样的反应，是因为我有童年时在高处感到不安全的经历。我会反复提醒自己，我实际上是安全的。我会把注意力转移到我在这里的原因，继续慢慢呼吸，直到身体筋疲力尽。当恐惧开始消退，身体平静下来时，我才会往下走。之后我要尽可能多地重复这种模式，因为我知道，久而久之，我的身体会习惯这样的状况，恐惧反应的强度也会逐渐降低。

恐惧是我们生存反应的一部分。恐惧会让人极度不适，让人产生逃跑和避开恐惧情境的强烈冲动。在生死攸关的时刻，这个系统能非常好地保护我们的安全。比如，你正在过马路，耳旁突然传来汽车喇叭声，你还没来得及细想，就已经冲到了路边，速度之快超出你的想象。你会感到肾上腺素飙升，让你释放所有体能，这其实是你的恐惧反应在最大限度地发挥作用。但是，生理系统运行速度如此之快，根本没有时间考虑哪些信号是有效的，哪些信号则没那么可靠。它的工作机制很简单，一有感知，立刻行动，这样你才能幸存下来——看来真要感谢你的大脑。

但是在其他没有生命危险的情况下，这种冲动还是会同样发挥作用。比如，你被要求在会议上发言，你的心开始怦怦直跳，这就是在让你的身体准备好，保持警觉，好好表现。可如果你把这理解为恐惧，就会找借口离开房间。你以后再也不想在会议上发言，你将永远体会不到在会议上发表精彩讲话的感觉。

那些能让我们立刻从恐惧中解脱出来的事情，长期来看往往会助长恐惧。每当我们因为恐惧而对某件事说"不"时，我们都是在再次确认我们的信念——那件事是不安全的，我应付不了。每次我们因为恐惧而拒绝做某事时，我们的生活范围都在缩小。所以，从长远来看，我们今天努力摆脱恐惧，就是在让恐惧主宰我们的人生选择。

我们为了控制和消除恐惧而做出的努力，正支配着我们的一举一动。但恐惧无处不在，在我们面对的每一种新情况中，每一次创造性的尝试中，每一次学习经历中，如果我们不愿意去体验恐惧，那我们就什么也做不了。

本章小结

- 人们希望消除焦虑是可以理解的，因为焦虑会令人不适。

- 要战胜恐惧，首先必须愿意面对它。

- 逃避只能短期缓解焦虑，长期来看，它只会加重焦虑。

- 我们为了控制和消除恐惧而做出的努力，正支配着我们的一举一动。

- 威胁应对系统会快速行动，你还来不及仔细思考，它就拉响了警报。

第二十三章
哪些做法会加重焦虑

当我们对某件事感到焦虑时，最自然的反应就是逃避。我们知道，如果能远离焦虑，那我们就会感到安全，至少暂时如此。但逃避不仅不会让焦虑消失，久而久之还会加重焦虑。

大脑就像科学家一样不断学习，每当它获得一种新体验，无论是积极的还是消极的，它都会记录下来，作为支持自己的信念的证据。如果你逃避你害怕的事情，那你的大脑就永远没机会收集证据，证明你能够克服它并生存下来。仅仅告诉你的大脑某件事很安全是不够的，你必须亲身体验。

你需要说服你的大脑，所以，你要一遍又一遍地重复那个行为，次数越多越好。你在大部分时间里所做的事会成为你的舒适区，所以，要想缓解对某件事的焦虑，就尽可能地多去做这件事。使用这样的方法来帮助你与焦虑和平共处，久而久之，你的焦虑就会减少。

当我们学会面对那些让我们感到害怕的事情时，我们会变得更强大。如果能日复一日地坚持下去，你会感觉到自己的成长。想象一下，在接下来的五年里，你可以根据自己的生活理想来做决定，而不是被恐惧控制。

我们会用很多方法来逃避恐惧所带来的不适。如果你对某个社交活动感到焦虑，你可以通过不去来逃避它；或者在去之前，你给自己灌很多酒，因为喝酒能暂时缓解焦虑，结果就是你会认为下一次参加社交活动之前也需要喝酒。这些寻求安全的做法，都是在以同样的方式来减轻当下的焦虑，但这么做并不能让你在未来不再害怕。实际上，作用恰恰相反，这样做会加重你以后的焦虑，让你对这些寻求安全的做法形成依赖，生活变得更加艰难。

以下是一些常见的寻求安全的做法，它们虽然能缓解当下的焦虑，但长期来看，会让我们陷入困境。

· **逃避：** 无论是在社交场合、会议室还是其他密闭的空间，当焦虑袭来时，我们都会产生想要赶紧离开的冲动。

· **回避焦虑：** 为了不在社交场合露面，你干脆拒绝别人的邀请；一在会上发言你就觉得紧张，索性就保持沉默——这些做法能让你立刻得到解脱。"呼，今天我总算不用面对那种感受了。"但你越是想躲得远远的，你的恐惧感就会越强烈。总有一天，你还得再次面对它，那时你会感到更难以承受。

· **补偿策略：** 通常发生在高度焦虑之后。比如，那些总是害怕被传染的人去了医院后会过度清洁身体。

· **预期：** 也可称为敏感化，就是预演自己在最惧怕的情境中可能会发生的最坏情况。很多人认为这样做有帮助，因为如果我们提前做好准备，就能更好地保护自己，但实际上，这样做不仅缺乏建设性的规划，还会造成高度警觉和过度担忧，结果只会加重焦虑。

·**寻求安慰：**被焦虑和怀疑困扰时，我们也许会向亲人朋友寻求安慰，希望一切能好起来。亲人朋友不愿看到你痛苦，所以他们会尽其所能地安慰你，平复你的焦虑。时间久了，你会对这种瞬间的解脱上瘾，会对他人产生依赖。你可能时时刻刻都需要别人的安慰，如果没有让你感到安全的人陪伴你，你甚至都不敢出门，这会对你们的关系造成很大影响。

·**安全行为：**如果你不相信自己有能力应对焦虑，你会依赖那些让你觉得安全的东西（做法）。只要没有"安全保障"，你就哪里都不去。也许你去任何地方都会带着手机，因为低头看手机能让你在社交场合中避免和他人交谈。

本章小结

- 人在焦虑时最自然而然的反应就是逃避。

- 但逃避不会让焦虑消失。

- 仅仅告诉大脑某些东西是安全的还不够,你必须亲身体验,才能真正相信。

- 你需要一遍一遍重复这种行为,大脑才会被说服。

- 你做得最多的事情会成为你的舒适区。

- 要想减轻对某件事的焦虑,就反复做这件事。

第二十四章

如何平复当下的焦虑

如果你正在与焦虑抗争，你可能希望有一个简单易学、立竿见影的方法，很多人在心理治疗初期都有这种想法。所以我通常会尽早把这个方法教给他们，它不仅简单，而且只要几分钟就能显著缓解焦虑，至少能防止焦虑升级为恐慌。

当焦虑被触发时，你的呼吸会变快，这是因为你的身体需要更多的氧气，为生存反应[1]提供能量。

你会觉得喘不过气，呼吸变得急促、短浅，导致你的身体系统积聚过量的氧气。假如你能放慢呼吸，身体就会平静下来。而且，如果你能延长呼气的时间，让呼气的时间比吸气的时间更长，让呼气比吸气更有力，就能减缓心率。当你的心跳不再那么剧烈时，焦虑反应也会减轻。

---

[1] 人在面临危险或威胁性刺激时，通常会启动一系列程序性的心理机制，这就是生存反应。——编者注

有些人在做长呼气时喜欢数数，比如吸气时数到 7、呼气时数到 11，你也可以找到更适合自己的节奏。

花点时间练习慢呼吸技巧，这是一种能够立刻见效的焦虑管理工具。你可以在任何时间、任何地点练习，别人完全不会注意到。我最喜欢的是方形呼吸法，可以按照下面的步骤练习。

工具箱：方形呼吸法

第一步：凝神注视方形的物体——窗户、门、画框或电脑屏幕。

第二步：双眼盯住方形物体的左下角，当你吸气时，数到 4，眼睛看向右上角。

第三步：屏住呼吸 4 秒钟，视线从右上角转到左上角。

第四步：当你呼气时，眼睛往右下角看，再一次数到 4。

第五步：屏住呼吸 4 秒钟，再看回左下角，然后重复以上步骤。

在这个过程中，吸气 4 秒钟，屏住呼吸 4 秒钟，呼气 4 秒钟，再屏住呼吸 4 秒钟。专注于方形的物体可以起到引导的作用，帮助你把注意力集中在呼吸上，避免过早分心。如果你练习几分钟后，觉得没有什么作用，那就继续练。你的身体需要一段时间来做出反应。

我建议大家最好能每天练习，哪怕你并不焦虑。如果你能练习得驾轻就熟，那当你恐慌害怕时，运用起来就会更得心应手。

▪ 运动

还有一个方法几乎能立刻见效，而且只需少量练习就能掌握，那就是运动。当你的焦虑反应被触发时，你的肌肉里会充满氧气和肾上腺素，随时准备行动。如果不让自己动起来，消耗掉这些燃料，那你的身体就像发动机已经点火却无法发射的火箭一样，你会浑身冒汗，四肢颤抖，在房间里来回踱步。

运动是最好的焦虑管理工具之一，因为它其实是顺应了你身体的威胁反应。身体本来就准备行动了，那不如干脆让它动起来，这样才能消耗身体所产生的能量和应激激素，从而恢复平衡。

如果你一整天情绪都比较紧张，不妨到户外慢跑，或者打半个钟头沙袋，做一些高强度锻炼。让身体动起来，才能真正缓解身体所承受的压力，坐下来放松时你才会觉得平静，也更容易入睡，进一步养足精神。

补充提示一下，运动是一种强大的防御工具，所以即使你不觉得焦虑，你也要尽量运动，这是为更美好的明天做准备，未来你会感谢自己所付出的努力。

本章小结

- 焦虑时，呼吸会变得急促、短浅。

- 想要让身体平静下来，请慢慢地深呼吸。

- 试着让呼气时间比吸气时间更长，呼气比吸气更有力。

- 要给它一些时间，焦虑反应会开始消退的。

第二十五章
如何处理焦虑的想法

　　我和很多20世纪90年代初的孩子一样,那时父母允许我周五晚上熬夜看《急诊室的故事》。有一集(也是我至今唯一记得剧情的一集)说的是,一个住在六楼的男人楼下发生火灾,他没能逃出去。看完那集电视剧以后,我躺在床上,脑海里来回闪现的都是可怕的场景:要是我家房子着火了该怎么办?我怎么知道房子是否着火了?要是我没及时醒过来会怎样?我还是要保持清醒,也许应该打开卧室门看看楼下的情况。我躺在床上,眼睛睁得大大的,脑海中浮现各种可能的场景,想象我叫醒和我睡在同一个房间的妹妹,拉开门,呛人的烟雾扑面而来,我打开窗户,拼命呼救。卧室门上方的玻璃透射进来的暖色灯光,看起来越来越像橙色的火光。我一动也不敢动,仿佛听到烈焰噼啪作响,只等着烟雾弥漫进来。

　　那天夜里,我不仅确信家里会发生火灾,脑海里还不断浮现出火灾的画面。我对每一个场景都深信不疑,就好像真的在发生一样,这些场景就像电影，在我脑海里一遍又一遍地播放。

当你的脑海中突然冒出一个让你心惊胆战的想法时，就如同开车经过车祸现场，你很难做到视而不见。你的注意力会集中在这个危险的想法上，是因为大脑会对可能发生的事情做出解读，如果预测到最坏的情况，就需要做好准备。

正如我在前面章节所解释的，大脑的工作机制类似于烟雾报警器。每当你感觉到周围环境中出现威胁时，报警器就会被触发，并指挥你的身体进入生存模式，这就是我们常说的"战斗或逃跑"反应。你的身体会做好准备，要么击退威胁，要么以比你想象中更快的速度逃跑。

发生火灾时，烟雾报警器就会响起，这是保证我们生存的必要工具。就像烟雾报警器一样，即使没出现真正的危险，焦虑也会被触发。面包烤焦时，烟雾报警器也会响，但你不会把它拆掉。如果你知道为什么要安装烟雾报警器以及它的工作原理，你就知道该如何做出调整，让它发挥正常作用。比如，面包烤焦时，你要做的是打开窗户。这样说你是不是就能理解了？同理，我们无法消除生存反应，也不想这么做，但我们可以搞清楚什么会加重焦虑，并做出调整，这样就能识别出错误警报，明白那只是虚惊一场，并采取相应的行动。

▪ 与想法保持距离

想法不是事实，而是猜测、记忆、观点、见解。它是大脑构建出来的，是对你正在体验的感觉的一种解读。我们知道那不是事实，因为它在很大程度上受到你的身体状态（激素水平、血压、心率、消化功能、水合作用等）、你的每一种感官以及你对过去的体验的记忆的影响。

那么，对于大脑里突然冒出来的焦虑的想法而言，这意味着什么呢？意味着这种焦虑的想法以及其他任何想法能对我们产生多大影响，取决于我们的接受程度，取决于我们有多相信这种想法就是对现实的真实反映。要想消除想法对我们的情绪状态的影响，最好的办法就是与想法保持一定的距离。那具体要如何做呢？

与想法保持距离有很多方法。正念可以帮助你锻炼觉察你的想法的能力，让想法自然地流动，而不要困在其中。能够觉察到自己在焦虑时会产生的思维偏差同样有帮助。如果你能注意到想法的本质只不过是带有偏见的猜测，并分清这些思维偏差的类型，那你就能与想法保持一定的距离。把想法看作一种可能的视角，你就能站在一定高度，考虑其他的选择。

还有一种方法，可以与焦虑的想法保持一定距离，就是使用距离语言（distanced language），可以有助于减少情绪波动。不要说"今天的演讲我肯定会出丑"，而要说"我有个想法，就是今天我肯定会出丑，而我注意到，这种想法会引发焦虑"。我知道，用这个方法思考或说话，一开始会让你觉得别扭，但它确实能帮助你从想法中后退一步，把想法看作一种体验，想法不能代表你。

还有一个方法，也是我最喜欢的方法，就是把想法写下来。无论何时，只要你想与你的情绪状态或当下的情况保持一定的距离，从一个全新的视角去看待它们，你都可以写下你的所有想法和感受。看看你所写的内容，能让你站在一定的高度来理解、看待你的体验，内心会变得更强大。

▪ 让你感觉更糟糕的思维偏差

我们感到焦虑时，往往会出现以下几种思维偏差。

灾难化思维（Catastrophizing）

灾难化思维是指你的思维会跳跃到最坏的情形，并预测它现在就会发生。就像是你自己导演了一部恐怖片，在你的脑海里反复播放。它只是一种可能的预测，但不是唯一的可能。当我们在脑海中反复播放这部恐怖片，并把它当作唯一的可能时，焦虑感自然就会加重。我在前文讲过我在成长过程中产生的恐高症，以及我最初是如何应对的。当我爬到比萨斜塔的塔顶时，我一遍又一遍地想象着自己会掉下去摔死，这就是灾难化思维。事实证明，这只是一个可能结果，而实际结果是这样的：我顺着台阶走到塔底，继续我的旅行。

个人化思维（Personalizing）

个人化思维是指我们从这个世界了解到的信息是有限的、模糊的，但我们会用这些信息来定义自己。比如，我正在街上走着，突然看到朋友就在街对面。我大声喊她的名字，对她挥手，但她没理我。个人化思维马上告诉我，她肯定很讨厌我，一定是我说了什么得罪她的话，也许我们共同的朋友都在议论我，我以为自己还有朋友，但其实已经是"孤家寡人"了。

这件事其实还存在成千上万种可能的解释，但我的大脑只提供了一种解释。也许她根本没听到我喊她；也许她平时都戴隐形眼镜但刚好那天没戴；也许她刚跟家人大吵了一架，没心情跟任何人说话，否则她会在大街上哭出来；也许她正在发呆……原因林林总总。个人化思维之所以能成功吸引我们的注意，是因为它关注到了威胁。朋友突然讨厌我，这是我必须关注的事情。

精神过滤（Mental filter，也称作"选择性注意"）

精神过滤是指我们倾向于抓住那些让自己感觉更糟糕的信息不放，同时忽视那些能让我们感觉更好的信息。比方说，你在社交媒体上发了个帖子，有50个人给你留言，其中49条评论是积极的、鼓励性的，只有一条是负面的，并且这条评论刚好戳到了你的痛处。精神过滤就是你只关注这一条负面评论，而忽略了其他49条评论。当我爬到比萨斜塔塔顶时，我只关注它是倾斜的这个事实，却忽略了它已经在那里屹立了几百年，而且还有庞大的专业团队在持续监测它的安全，显然，这也是精神过滤在起作用。

大脑自然会关注那些具有威胁性的信息，因为它的工作就是保护我们的安全。如果我们已经感到焦虑或压力，大脑就会做得更多。它会先从身体接收到"情况不妙"的信息，接下来便开始迅速扫描环境（和你的记忆），寻找可能的原因。这时精神过滤就开始发挥作用了。你的大脑在努力解读焦虑症状，如果我们能觉察到是精神过滤在起作用，就能认识到我们所关注的信息存在偏差，并有意识地去考虑其他的可用信息。

过度概化（Overgeneralizing）

过度概化是指把一种极端体验应用于所有体验。比如，你去面试一份工作被拒绝了，过度概化思维会让你这样想："我永远都找不到工作了，那我去面试其他工作还有什么意义呢？"分手后你也许会这样想："每次恋爱都是以分手告终，我再也不想约会了。"过度概化会加重焦虑，原因有两个：一是它会导致更强烈的情绪爆发，因为它把一个小问题变成了人生大问题；二是它会导致我们今后逃避同样的场景，而这会让焦虑加重，因而也更难以面对。

乱贴标签（Labelling）

乱贴标签有点类似于过度概化，只不过它是用某个事件或者某段时间你的表现，对你这个人做出全面判断。

如果你有一段时间很焦虑，从那时开始你就给自己贴上焦虑者的标签，等于是给自己与自己的身份下了定义，这些定义会影响你对未来的感受与行为的预期。我们在生活中表现出来的每一种情绪、行为都只是暂时的，并不能永久地定义我们。

所以，当你注意到你在给自己贴上特定类型的标签时，不要放任不管。这会影响大脑未来构建的情绪。如果你知道这些体验只是暂时的，就能帮助你与你经历的各种体验保持距离。作为一个焦虑的人，改变自己定义的身份要比减少焦虑困难得多。

▪ 核查事实

想法对我们能产生多大的作用，取决于我们有多相信它是现实的真实反映。对于很多人来说，"核查事实"是个有益的过程。如果某个想法让你感到痛苦，那就有必要弄清楚，它是"假情报"，还是真值得焦虑。这个过程并不复杂，你只要开始去做，后面会越来越容易。当你觉察到焦虑的想法时，可以按照以下四个步骤核查。

1. 把焦虑的想法写下来。

2. 在纸的中央画一条竖线，分成两栏，就像律师权衡事实那样，在左边这一栏，列出所有能证明这个想法是事实的证据。注意，只有能在法庭上作为呈堂证供的才算是确凿证据。

3. 在右边一栏写下所有能证明这个想法并非事实的证据。

4. 如果写完之后，你发现焦虑的想法并不是像你之前想的那样就是事实，那说明你该考虑换个角度来看待问题了。

这项练习很简单，可以帮助我们放下对这个想法最初的信念，给自己机会考虑其他的可能性。

不过，如果你发现这么做只会引发你关于这个想法是否真实的内在争论，那这个方法也许就不再有效。如果出现这种情况，那就放弃核查事实的练习，再尝试一些其他能让自己摆脱思维偏差的方法。

▪ 聚光灯效应

2010年元旦那天，我穿上一套硬邦邦的蓝色防护服，闭上眼睛，拉好前面的拉链，然后深深地吸了一口气，好像这是我最后一次呼吸。我感觉很不舒服，手心全是汗水。我睁开眼睛，看到马修正冲我咧着嘴笑。

"准备好了吗？"他笑得嘴巴都合不拢了。

我可笑不出来。

"还没。"我又吸了口气，抬起肩膀。在我呼气时，我的肩膀仍然紧绷着。我到底为什么要答应他？我们向通往悉尼海港大桥底部的那扇门走去。我在心里对自己说，我可以做到。我们走到狭窄的金属栅栏前，透过它，我能看到地面。我突然骂出几句粗话，双手紧紧地抓住两边的金属栅栏。我想哭。马修问我还好吗，让我继续往前走。他的话就像一根火柴点燃了火焰，我立刻爆发了："我是在往前走！这×××都是谁的主意！我讨厌这样！"说完我才意识到，我现在还只是在桥下面，情况只会越来越糟。当我们走上台阶准备往桥上爬时，我的双腿剧烈地颤抖，又酸又痛。我隐约感觉到自己发出了一些轻微的声音，既像是呜咽，又像是呻吟。我知道自己没有回头路，只能一步一步地往前挪。当我们到达134米高的桥顶时，导游停下来，转过身。

为什么他要停下来？为什么他要停下来？我喘了一口气，又忍不住骂了几句粗话。

导游在讲解风景，但我完全没心情听。接着他让我们所有人都转过身，往后面看。可我正紧紧抓着金属栅栏，一点都不敢松，所以我只能微微转身。

就在这时，我看到马修单膝跪地，手里拿着一个戒指盒。

我的眼泪在眼眶里打转，在那一刻，我的手松开了，完全转过身来，但很快我又抓住了栅栏。

即使是在情定终身的幸福时刻，我的两只手仍死死地抓着栅栏。

大家鼓起掌来，继续往前走，我们要穿过桥中央，从桥的另一头下去。我问马修是怎么想到这个计划的，我们一边聊着，一边走到桥中央，沿着桥的另一头的台阶往下走。他给我讲具体的经过，我听了时而微笑，时而大笑，时而摇头。马修说，他住在悉尼的亲戚，还有这次跟我们一起来悉尼旅行的家人，都在我们下桥的台阶对面的餐厅里望着我们呢。我朝那里看过去，果然，他们正冲着我们挥手。我也伸出一只手，朝他们挥手，另一只手举起戒指。

我突然反应过来，此时我的两只手都已经松开了栅栏，下桥时也没再抓着栅栏。

我们的大脑每时每刻都在接收和处理大量信息，但周围世界的信息多如牛毛，如果大脑对每条信息都要处理，那身体根本就无法正常运转。所以大脑会有选择性地关注一些信息。注意力就像聚光灯，我们可以控制聚光灯，但无法控制舞台上的演员，无法控制他们在台上的时间，他们说什么，什么时候离场。我们能做的就是让聚光灯每次只聚焦在一两个人身上。如果我们把注意力集中在焦虑的想法上，这些想法都是关于最糟糕的情况，还有你无力应对的画面，那么它就会反馈给大脑，告诉大脑"情况不妙"。当你把注意力转移到舞台上的其他演员身上，也就是转移到其他想法上时，它们也会影响你身体的反应。当你专注于其他想法时，焦虑的想法可能不会离开舞台，而是仍然一直留在舞台上，等着聚光灯再次照过来。但现在没有了聚光灯，它们对你情绪状态的影响就会减弱。

我订婚的故事只是个很极端的例子，但它确实体现了聚焦的力量。在上桥的路上，我满脑子想的都是自己可能会失足摔死，下桥时，我一心想的是要幸福地活着。

当然，我们不可能总是依靠求婚这样的特殊情况帮助自己扭转灾难化思维，但我们可以练习引导注意力聚焦的方向。这并不是要你压制想法，事实上，当你拼命想让一个想法从你脑海中消失时，它反而更容易频繁冒出来，这也是我们会陷入侵入性思维循环的原因。你越是不想要某个想法，它就越是会出现。当你在想着你是多么不希望有这些焦虑的想法的时候，你就是在把聚光灯对准它们；当你选择把聚光灯对准其他想法时，焦虑的想法也许还停留在舞台上，而且你也能意识到它们的存在，但它们已不再是这场演出的主角。

当焦虑的想法出现时，如果把注意力焦点放在它身上，反复不停地思考接下来可能要发生的可怕的事，就会让你的身体做出反应。不仅如此，每当你在脑海中想象最糟糕的场景，而事情发生你又无法应对时，你实际上是在构建一种体验，而你的大脑正是通过这样的体验帮助你构建对世界的认知和思考模式。你重复的次数越多，这种构建就越牢固。

也就是说，你把注意力集中在哪里，就会帮助构建相应的体验。所以，学会控制注意力有助于你把握自己未来的情感体验。

那如果舞台上没有其他演员呢？当我们对焦虑已经习以为常时，又该如何选择其他思考方式呢？

▪ 应该关注什么——新的自我对话方式

焦虑的想法关注的是威胁。当我们被焦虑想法占据时，它会把信息反馈给身体和大脑，触发威胁反应。为了降低威胁反应，我们需要培养一种能让自己平静下来的意识流。

我儿子两岁半时做了个手术，当时他的脸很肿，眼睛都挤成了一道缝。他午睡后醒来，发现自己睁不开眼睛了。但他能听到加护病房里各种奇怪的声音——哔哔作响的机器声、窸窸窣窣的脚步声、分不清是谁的说话声。这些声音触发了他的威胁反应，他尖叫着喊妈妈，谁来安抚都没有用，直到我来到病房，握着他的手，跟他说话。我没法让他睁开眼睛，也不能缓解他的痛苦，更没有神奇的魔法能让这些声音都消失。我只是在他耳边轻轻地说着话，让他知道有我的陪伴他很安全，支持他的人一直在这里，不会离开。从那一刻开始，他就平静下来。在接下来的几天里，他的眼睛仍然睁不开，但他能像以前一样开心地玩玩具，完全不受影响。共情帮助他在身处困境时获得足够的安全感，来面对这个世界。

善意和共情会减弱我们对威胁的反应，让我们感到更安全。无论这种善意是来自别人，还是来自我们自己的想法。我们应该改变与自己的对话方式，从而改变大脑化学物质的分泌与情绪状态。

这其实并不容易。如果你已经习惯了自我批评和自我攻击，一天的自我共情根本改变不了什么。这是需要不断练习的人生实践，它会改变你的人生。记住，共情并不是件容易的事。共情不是告诉自己没什么可害怕的，而是像一位教练在你耳边用温和而坚定的声音鼓励你、支持你，告诉你：你可以的，你能扛过去。

谈到如何自我共情，我最喜欢的方法就是问自己，如果是我的朋友遇到同样的问题，我来给对方指导，我会说些什么、怎么说。最好的教练不是从天而降来拯救你，而是真诚地鼓励你去找到内在的力量来渡过难关，只有这样你才能发现自己的力量。

- **重构体验**

临床培训结束之前，我们要参加答辩。这是类似于面试的考试，一组专家坐在你面前，针对你的研究提出一些问题。答辩那天，我坐在等候室里，等着工作人员叫我。我的心怦怦直跳，这时有个答辩完的同学泪流满面地走进来，一个工作人员拍拍她的肩膀，带她走出等候室，我看到她还在不停地抽泣。等候室里坐着的其他人都瞪大了眼睛，惊恐地面面相觑。我站起身走了出去，恰好从一个导师身边经过。他先是祝我好运，然后给了我一个建议，那是我听过的最好的建议。

他告诉我，要尽情地享受这次答辩。他说这是一个展示自己这些年所学到的东西和所付出的努力的好机会，还说也许这是唯一一次机会，所有人都要从头到尾地阅读我的论文，并对论文表现出真正的兴趣，所以这是我享受别人的关注的好机会。我笑着冲他点点头，回到了等候室。直到我顺利过关，我才意识到导师是如何帮助我重新构建整个体验的。我所面临的高压局面并没有任何改变，但我把高度紧张的体验，变成了一种混合了勇气、幸福和兴奋的体验。

在那次答辩中，我把风险重新定义为挑战，你也可以用同样的方法来处理你认为是威胁或你无法应对的事情。重构并不是让你否认特定情况下的潜在风险。我仍然有答辩不通过的风险，但如果我只关注这种风险，我的应激反应就会过于强烈，那我就很难有好的表现。

重构就是允许自己以一种能够帮助你渡过难关的方式来重新诠释某种情况。把一种体验重新定义为一种挑战，这可以帮助我们把逃跑的冲动转变为更可控的战斗冲动。我们可以有意识地朝着某个方向迈进。下面讲讲我们要如何重构。

- **价值观与身份**

当焦虑的想法成为聚光灯的焦点时，我们需要把那些对我们最为重要的想法请上舞台。基于恐惧做决定有一定的合理性，试想如果你的生命真的受到威胁，这些决定就会体现出价值。但当我们基于自己的价值观和对我们最重要的事做出决定时，生活会更加丰富而充实。

要做到这一点，有个简单的方法就是问自己一个问题："为什么这对我如此重要？一年后，当我回顾现在时，我会为自己做了些什么感到骄傲？我会庆幸自己如何回应？在这种情况下，我想成为怎样的人？我的观点是什么？"

价值观也是你身份的一部分。无论你是想成为一个爱冒险的人，还是一个健康积极的人，还是善于交际的人，知道自己想成为怎样的人可以帮助你在焦虑的想法之外产生不同的想法。如果主动和人交谈让你觉得紧张，但你已经决定了要做一个善于交际的人，这有助于你创建一个模板，一个具体方案，你知道在社交场合该如何表现。即使焦虑的想法还会在你耳边低语，告诉你别主动找人说话，但你已经选择了要做一个有勇气的人，你可以问自己：有勇气的人会如何应对这种情况？下一步我该怎么做，该如何回应，才能让未来的我在回首往事时感到自豪呢？

本章小结

- 发现思维偏差并确定它是哪种类型的，这样才能与焦虑的想法保持距离。

- 记住，即使你还是会持续关注焦虑的想法，但你可以控制关注的焦点。

- 善意能减轻威胁反应，无论是来自他人的善意，还是我们对自己的善意。

- 将威胁重新定义为挑战，能让我们充满勇气。

- 行动要与价值观一致，你做决定应该根据什么对你最重要，而不是出于恐惧。

第二十六章
对不可避免的事情的恐惧

人最大的恐惧就是对死亡的恐惧。每个人的生命都将面对这样一种不可避免的结局：生命必然会结束。而人生最大的不确定性就是我们不知道死亡会在何时发生，如何发生。这种对于已知和未知的恐惧不断威胁着我们当下的安宁和满足。只要想到自己将来会死，我们就会瞬间感到无助和害怕，觉得人生毫无意义。

对有些人而言，对死亡的恐惧已经严重干扰了他们的日常生活，他们时时刻刻都在担心自己会死；而对于另一些人来说，这种恐惧会以意想不到的方式冒出来，它常常伪装成看似没有必要的恐惧，比如过分担心健康和生活中可能发生的危险。这两种恐惧都可能扰乱甚至破坏我们的生活。

有人认为，许多心理问题的根源是对死亡的恐惧（Iverach等，2014）。健康焦虑让我们对生病就医充满恐惧，担心会在痛苦中死去。那些经历过惊恐发作的人通常会把心跳加速误认为心脏病发作，而这种以为自己即将死亡的恐惧又会导致再次惊恐发作。许多特定的恐惧症患者——无论是恐高、恐蛇还是恐血——都会这样预测：接触到自己害怕的东西就有可能会死。

人只要活着，就一定会死，但我们不能一直活在恐惧中。所以，我们会采取安全的行动来保护自己，免受死亡的持续威胁。我们会严格限制任何冒险行为，我们通过名望和财富，通过与他人建立连接，通过任何我们希望自己能被别人记住的方式来争取不朽。这无可厚非。斯坦福大学精神病学终身荣誉教授欧文·亚隆（Irvin Yalom）在他的著作《直视骄阳》（*Staring at the Sun*）中对此有非常精准的论述：

> 你不能直视骄阳，也不能直视死亡。你越不曾真正活过，对死亡的恐惧就越强烈。你越不能充分体验生活，就越害怕死亡。

他还提出："尽管肉体的死亡会毁灭我们，但对于死亡的思考拯救了我们。"从这个意义上来看，我们对于死亡的焦虑是充满人性的，它不仅不是需要消除的不适感觉，这种直面死亡的意识还可以成为一种深刻的工具，能帮助我们找到人生新的意义和目标。人终将一死，正是这一事实决定了我们可以赋予生命意义，并帮助我们更谨慎地选择如何生活。在同样的意义上，我们对死亡的恐惧也会影响我们当下的幸福感（Neimeyer，2005）。

在我对乳腺癌幸存者的研究中，我发现很多人说她们的生活发生了积极的转变，她们把这归因于面对死亡。患病的经历虽然让她们的恐惧激增，却也促使她们重新评估自己在有限的时间里想要赋予人生的意义。创伤反应的程度越高，创伤后的成长和积极的生活转变就越明显。

但我们不必通过如此接近死亡来思考它对我们的意义。在接受与实现疗法[1]（Acceptance and Commitment Therapy，简称ACT）中，我们可以通过探索对自己的葬礼的想法，来探究死亡的意义。这些练习会让我们愿意主动思考生命。直面"我希望自己过怎样的人生"这样的问题，可以帮助我们面对人生中的动荡和转变。虽然这可能会很痛苦，但不要沉湎于痛苦，而要赋予自己做选择的权利。比如，想象一下：如果你能按照自己的价值观来生活，那会是什么样的生活？如果你是按照自己选择的意义和目标来生活，你每天会做些什么？你会在哪些方面努力？你会放弃什么？即使无法完成，你也会全力以赴地去做什么？

用这种方式探索死亡，可以帮助我们弄清楚，当下什么最重要。

---

[1] 在美国心理学界，斯蒂文·海耶斯（Steven Hayes）开创了一种治疗心理和精神疾病的新疗法——接受与实现疗法，该疗法成为继行为疗法、认知疗法后，美国兴起的第三波心理疗法。这种新疗法主张拥抱痛苦，接受"幸福不是人生的常态"这一现实，然后再建立和实现自己的价值观。ACT疗法在治疗抑郁症、上瘾症、癫痫等精神类疾病方面都取得了不俗的成绩。——编者注

对于死亡的恐惧似乎无法消除，因为我们知道有一天它一定会到来。人对于死亡的恐惧是可以理解的，这种结局也是确定的。但我们对于死亡的不切实际的信念，让本来理性的恐惧变得不理性。更严重的是，它会干扰我们正常的生活。我们的信念也许是这样的——"没有我，孩子以后可怎么活""死亡的痛苦太折磨人"。

当我们跟别人谈论起对死亡的恐惧时，大多数人会告诉我们死亡还很遥远，以此来减轻我们的恐惧。这通常都是出于好意，但是没有帮助，因为我们都知道，死亡最终会到来，而且通常是毫无预警地发生。我们试图逃避对死亡的恐惧，在当下这一刻找到一些安全感，却突然在有一天想起生命的脆弱，那么同样的恐惧会不可避免地再次出现。

我们需要的是深层次的接受——接受死亡是生命中必然的一部分，接受死亡方式的不可预测性。对于有些人来说，这两个事实是生命意义的根源。对于另一些人来说，他们尽量不去想它，好像只要保障自己的安全，死亡就不会降临。他们回避与死亡有关的一切事情，不谈它，也不想它。这种回避模式是围绕着他们认为有风险的事情而建立的，如果我们评估风险水平升高，对它的焦虑也会随之增加。

一旦发生这种情况，各种恐惧症也会不期而至。除非我们能妥善处理对死亡的恐惧，否则一种恐惧平复后，另一种又会接踵而至。

如果我们被恐惧吞噬，我们能做些什么呢？我们都知道死亡一定会发生，如果想要活得充实，不让日常生活被死亡的恐惧干扰，我们就必须找到自己的方式，接受死亡是生命的一部分。接受并不意味着死亡就是我们想要的，接受是指不再去对抗现实中我们无法控制的部分。

接受死亡并不等于放弃生命。恰恰相反，接受死亡才能赋予生命意义。反过来，建立生命的意义感，并按照这种意义去生活，我们才能接受死亡是生命的一部分。

接受死亡可以改变我们的生活方式。我们会按照符合我们价值观的有意义的方式去生活，我们会更多地关注对自己来说最重要的事情，生活会更有目标感。

朋友、亲人的逝去以及由此带来的悲伤，会让我们联想到自己的死亡。既然他（她）会意外死去，那我也一样。这对我和我的生命意味着什么？对今天有什么意义？

▪ 改变我们与死亡的关系

人们可以通过不同的方式来培养对死亡的接受态度。下面的这三种方式最初由格塞等人（Gesser, Wong & Reker）于1988年提出。

·趋近接受——相信人死后有来世或者能进入天堂，通过这种信念接受死亡。

·逃避接受——认为死亡是对痛苦生活的一种替代。对于那些在生活中遭受了巨大痛苦的人来说，他们能接受死亡，甚至希望死亡能早点到来，这是因为他们把死亡看作一种解脱，是逃离痛苦的方式。

·中性接受——理性面对死亡，将死亡看作生命的必然结束。既不觉得死亡令人向往，也不认为它是逃避痛苦的手段，而是我们无法控制的生命中自然的一部分。

💡 **试试看**：接受与实现疗法中有项练习，就是想象你能给自己写墓志铭。如果你有机会在自己的墓碑上写下几行字，你会写什么？这项练习不是让你猜测别人会怎么评价自己，而是让你思考你想成为怎样的人。如果你希望人生有意义，就从今天开始做起（Hayes，2005）。

如果独立完成这项练习比较困难，建议向心理治疗师寻求帮助。

试着探索你对死亡的信念可能会加重你的恐惧。关于死亡，我们都抱有很多信念，有的有益，有的有害。比如说，有人认为死亡很不公平，人不应该死。这样的信念很可能会助长焦虑，增加痛苦。我们有必要花时间去探究并反思这样的信念，但这样做可能会引起你的情绪反应，所以在这个过程中，最好能有你信任的人陪着你，比如朋友或者能指导你渡过难关的心理治疗师。

🔧 工具箱：通过写作来缓解我们对死亡的恐惧

关于这个主题的表达性写作可以帮助我们探索对死亡的恐惧，因为它允许我们抽离，同时又保持与自己内心的连接，不会失去我们已有的见解和发现的线索。你可以随时停下来，等你准备好了再继续写。

面对死亡的恐惧很难，所以一个训练有素的心理治疗师可以发挥很大作用。如果没有这样的条件，也可以与值得信赖的朋友或亲人交流，他们也能提供很好的支持，毕竟，这是我们每个人都要面对的问题。

这里有一些提示性问题，可以用在你的日记、治疗或者和亲人、朋友的对话中。

- 你对死亡的恐惧是什么？在你的日常生活中，它是以何种方式出现的？
- 你对死亡的哪些信念与别人不同？
- 这些差异能告诉我们什么？
- 你过去那些分手或失去亲人的经历如何塑造了你对生死的信念？
- 你会做哪些事情帮助你不再畏惧死亡？
- 你希望赋予自己的人生什么意义？
- 在离开世界之前你想留下什么样的足迹？
- 当你迈向人生的下一个篇章时，怎样才能把人生的意义转化为今天的选择和实际行动？
- 想象一下，在遥远的未来，当你的生命即将走到尽头，当你回首现在刚刚开启的篇章时，假如你希望自己能面带微笑地追忆往事，对自己每天做出的选择和做事的方式感到满意和欣慰，那你每天应该怎样生活呢？
- 假如你人生的下一个篇章将成为最有意义、最有目标的一章，那它应该包括什么呢？

・如果你对死亡的认识是为了加深你对生命的体验，而不是削弱体验，那应该是什么样的认识呢？

本章小结

- 我们都惧怕死亡,包括它的已知和未知。

- 对于有些人来说,接近死亡会让他们成长,也会带来积极的生活转变。

- 接受死亡并不意味着放弃生命,而是恰恰相反。

- 接受死亡才能让我们赋予生命意义。

压力大到濒临崩溃怎么办

第七部分

ON STRESS

第二十七章
压力和焦虑有什么不同吗

"压力"（stress）和"焦虑"（anxiety）这两个词已经被广泛用于一系列不同的感受。我们常听人说他们压力很大，因此更加焦虑，或者正好反过来。结果就是，大多数人会交替使用这两个词，来描述各种各样的感受。项目的截止日期马上就要到了，我们会有压力；在浴室里发现一只蜘蛛，我们会很焦虑。

有这样两种情况：路上堵车，估计要迟到，这会让你感到压力；工作没了，付不起房租，这会让你压力倍增。而有些人则会用"焦虑"来形容这两种感受。

但你会注意到，压力和焦虑在这本书中是分开讨论的。我们的压力体验和情绪一样，都是通过同样的大脑机制构建的（Feldman Barrett，2017）。你的大脑不断通过你的身体接收关于外界需求的信息，并计算你要付出多少努力才能满足需求。它会努力让身体释放的能量与外界需求相匹配，以确保不浪费任何能量。如果我们内部的生理状态与外部环境能够很好地匹配，即使感到一些压力，我们也会将其解读为一种积极的感受。比如，在大型体育赛事开始前，做好充分准备的选手会感到很振奋。但生理状态与外部世界的需求不匹配时，我们会将其解读为消极的感受。比如，当我们很累，但又神经紧张到难以入睡的时候；或者当我们压力很大，以致无法专注于考试或面试中的问题时。在这种时候，我们常常会有这样的预感：我们无力应对当前外部世界的需求。

压力和焦虑都与警觉状态有关。但需要说明的是，焦虑与恐惧以及伴随而来的过度担忧有关。如此说来，你在堵车时感受到的压力与焦虑的含义是不同的。你在堵车时感到有压力，是因为那天有个重要会议，你担心自己会迟到。压力的激增会提高你的警觉性，帮助你做出决定，是继续在车流中等待，还是把车停到路边去坐地铁，及时赶到公司参加会议。而焦虑更可能与担忧有关，与你对于可能发生的危险的预测有关。

所以，虽然产生压力和焦虑的机制是相同的，但我们对它们的定义是不同的。如果你正躺在床上，听到楼下传来玻璃碎了的声音，这时你的压力反应（stress response，又称应激反应）就会被触发，但你更有可能会把这种感觉定义为焦虑和恐惧。你会产生"战斗或逃跑"的冲动。如果你面临失业，或者工作和育儿无法兼顾，虽然同样会引发压力反应，但与前者的定义不同。因为这些事算不上迫在眉睫的危险，你不会以同样的"战斗或逃跑"的方式来应对。

所以，虽然我们将压力反应简化为"战斗或逃跑"模式，但实际上，压力反应有很多不同的方式。激素分泌水平、心血管的变化和其他生理反应也会不同，这些结合起来会形成不同的心理体验，产生不同的行为冲动。

当大脑在为我们要做的事做准备时，我们会感到压力，无论是早晨起床、做工作汇报还是开车，大脑都会释放能量以提高警觉性，确保我们准备好对外部环境做出反应。皮质醇又被称为压力激素，它会在我们对压力做出反应时融入血液，所以我们都认为皮质醇是具有破坏性的压力激素，但实际上，当你的身体感到压力并需要尽可能多的能量时，皮质醇可以将脂肪和蛋白质转化为能量，以更容易使用的葡萄糖的形式快速释放到血液中，提高你身体的能量效率。你的肺和心脏也会开始更快速地工作，将必要的能量通过氧气和糖分输送给主要肌肉和大脑。肾上腺素和皮质醇能帮助肌肉最高效地利用这些能量，让你准备好应对一切挑战。这时你的身体处于最佳工作状态，感官变得异常敏锐，大脑处理信息的速度也更快。

大脑在提供这些资源时，也希望能够获得一些回报，比如得到休息或营养补充。如果大脑得不到任何回报，就会出现短路。如果这种情况反复出现，身体也会跟着垮掉。如果你睡眠不足、饮食不规律，或者每天都跟伴侣争吵，身体消耗就会越来越大。久而久之，能量耗尽的身体只能拼命自保，就会变得更容易生病。

如果生存面临威胁，你会触发"战斗或逃跑"反应；如果你感知到目前的压力并不是迫在眉睫的威胁，你体验到的更像是一种挑战反应，你会以几乎相同的方式去迎接挑战，不过你感觉到的不是强烈的恐惧，而是想要行动起来的动力。

预期压力是指我们能预测到压力即将到来，并且会对我们提出很多要求。比如你知道在下个星期的求职面试中你会感到紧张和压力，所以你就会提前预测可能会有的挑战。当我们出现失误时，会不断预测自己将面临一个完全无法应对的挑战，当我们惧怕压力带来的生理和心理上的不适时，我们就会产生焦虑。如果引发压力的是身体受到的威胁，身体就会采取行动，保护你的安全，慢慢恢复正常。但如果由于心理问题而不断触发压力反应，那就会引起长期的生理状态紊乱，而且没有快速恢复平静的方法。这就是为什么当我们心理压力太大的时候，我们的身心健康和行为都会受到影响（Sapolsky，2017）。

本章小结

- 人们常把"压力"和"焦虑"这两个词混用。

- 当我们的生理状态能够与外部需求相匹配时,即便有压力,我们也会把它解读为积极的感受。

- 当我们的大脑在为我们要做的事做准备时,我们就会感到压力。

- 大脑会释放能量,以提高警觉性,让我们对环境做出反应。

- 我们常把焦虑理解为基于恐惧而做出的反应,实际上它是为了满足你的需求而产生的一种压力反应。

第二十八章

为什么减压不是唯一的答案

一般来说，我们都希望能尽可能地减轻压力，减压也成了一种压力管理的办法。可我不太认同。一是因为"压力管理"是个很模糊的表达，我们并不知道具体应该怎么做；二是因为许多压力源是无法改变的。

虽然生活中有些压力是我们自主选择的（比如参加面试或是筹备婚礼这样的人生重大事件时所面临的压力），但我们面临的最大压力往往是别无选择的，这种高压情况可能是拳击手进入赛场，也可能是去医院取自己的活检报告，或者是失业后发现自己还不起房贷，这都会引起强烈的压力反应，我们需要的是立刻就能用得上的工具，让我们以最健康、最高效的方式来处理压力。

人类对压力可谓又爱又恨。我们喜欢恐怖片带来的刺激感，也喜欢坐过山车时心跳加速的感觉。我们会主动激活压力反应，满心期待着峰值的到来；我们会觉得失控，但心里清楚这只是暂时的；我们会感到害怕，但也知道自己会毫发无伤。我们有足够的掌控能力，可以随时叫停这种体验。压力太小，生活就会显得无聊乏味；压力刚刚好，生活就会充满魅力、乐趣和挑战；压力太大，所有这些美好都会失去（Sapolsky，2017）。我们需要在可预测性和冒险性之间寻求平衡。

就像情绪并不全是坏事一样，压力也不全是坏事。它不是大脑和身体出了故障。它是一系列的信号，能帮助我们理解自己需要什么。

压力在短期内会带来积极的影响。产生压力反应时会分泌肾上腺素，有助于对抗体内的细菌感染和病毒感染。它会加快心率，扩大瞳孔，提高认知能力，所有这些都能帮助你缩小注意力范围，评估自己所处的环境，并回应环境提出的要求。

我们被流行观点误导，认为压力是一种过时的生存机制，我们现在根本不需要它。这意味着当我们感觉到压力的影响，感觉到自己心跳加速、手心出汗时，就认为自己应对不了挑战，或者说力不从心。人们认为这是身体系统的缺陷，或者是身体失调的信号，说明你需要停下来休息。但事情并不是非黑即白，压力并不总是有害的，我们的主要目标也不应该是彻底消除压力。

科学告诉我们压力的危害，同时也全面揭示了压力的作用。那么，我们该如何把压力变为优势，如何充实身心，防止压力变得更危险呢？

如果你在工作中或在学校里感到有压力，这说明你的身体正在帮助你调整到最佳状态。在这种情况下，我们不需要彻底的平静和放松。我们希望保持头脑警觉，能够清晰地思考，这样才能实现目标。我们不希望压力太大，因为这会影响表现，或者让我们萌生逃避的念头。我们要学着在不需要的时候给自己减压,在需要的时候给自己加压,这是健康的压力管理的基础。

想过有意义的生活,就不可能摆脱压力。无论你有什么独特的价值观,任何你为之奋斗和努力的事情都需要承受一定的压力。压力反应是帮助我们实现目标的主要工具。通常来说,最重要的事情才可能给我们带来最大的压力。因为重要,所以值得为之努力。因此,感受到压力不仅仅是出现问题的征兆警报,它也反映出我们过的是怎样的生活:我们在做自己最热爱的事情,过着有目标、有意义的生活。如果我们能学会利用压力,并在需要的时候降低压力的强度,那么压力就会成为最有价值的工具。

本章小结

- 压力并不总是敌人，它也是最有价值的工具。

- 要学着在承受压力后充实身心，与试图消除压力相比，这个做法更实际。

- 压力能帮助你表现得更出色，也能驱使你做最重要的事，但我们不能一直处于压力状态。

- 适度的压力会让生活充满乐趣和挑战，但压力太大会让人无法感受到生活的美好。

第二十九章
当有益的压力变得有害

如果压力是短期的、有限的,它带来的压力反应就是有益的。如果环境引起持续的压力,而我们又无法改变这一状况,或者不知如何降低压力水平,那我们的身体就会不断被消耗,得不到能量补充。这就像在高速公路上开车挂二挡,用不了多长时间,就会发生事故。

如果压力持续了很长一段时间,大脑会趋向于采取消耗较少能量的习惯性行为,那么我们控制冲动、记住信息和做决策的能力就会受到损害。久而久之,我们的免疫系统也会受到影响。如果是短期的压力,肾上腺素能增强免疫功能,帮助我们对抗细菌和病毒感染。但长期的压力会导致肾上腺素的过度分泌和皮质醇的异常模式,而这会影响我们的寿命(Kumari 等,2011)。在长期压力的影响下,肾上腺素会反复为免疫系统提供支持,一旦压力反应停止,肾上腺素水平会随之下降,免疫系统功能也会减退。这就是为什么你经常听说,有人连轴转地工作了几个月之后,终于有时间休假了,结果一停下来就生病了。

倦怠这个术语是用来描述个体对长期的、过度的工作压力所做出的反应。能让我们产生倦怠的并不是只有有偿的工作。那些需要照顾亲人、养育子女以及做志愿者的人，同样会感到倦怠。

人们经常诉说自己情绪上的疲惫和萎靡，就好像已经耗尽精力，没有任何剩余能量。他们可能会注意到与他人或自己的疏离感。他们经常说，自己无法胜任工作，生活也一塌糊涂，也找不到成就感。

如果在很长一段时间内，一个人的短期压力反应被反复触发，并且没有足够的时间休养恢复，就会产生倦怠。这说明在个体和以下五个外部因素中的任意一个之间，存在着长期的不匹配。

1. 限定——你获得的资源不足以满足你所面临的需求。

2. 奖励——奖励可以是工作中获得的奖金，也可以是社会的认可或对价值的肯定。

3. 群体——缺乏积极的人际交往，缺乏社交支持或归属感。

4. 公平——你在其他四个方面感受到不平等，觉得某些人的需求和其他人相比能得到更多的满足，或者外部环境对于某些人的要求更少。

5. 价值观——你面对的要求与你的个人价值观存在直接冲突。

我们要明白：倦怠是非常严重的健康问题。如果你觉得自己可能正在经历职业倦怠，就要尽快采取行动。但我们也要现实一点，有些压力你可以拒绝（比如每周已经工作50个小时了还要做兼职），而有些压力则是别无选择的（比如生病、经济压力或者关系破裂带来的情绪压力）。

一个人要打两份工才能养家糊口，同时还得做个好家长，这是别无选择的压力,他(她)根本没有心情每天早晨练习冥想和瑜伽。但解决倦怠并不是要你把日子过得如诗如画。在高强度的工作和生活压力下,还要注意自己的健康,这是一种平衡,两方面都要把握好。没有什么灵丹妙药能解决一切问题,能帮助其他人平衡的方法对你来说并不一定有用。

如果无法给自己减压,或者长时间超负荷,压力就会转为慢性的。慢性压力的迹象因人而异,我给大家列出一些以供参考。

· 经常性的睡眠紊乱。

· 食欲改变。

· 更频繁的暴躁易怒,可能因此影响到人际关系。

· 无法集中注意力,无法专注地工作。

· 即使筋疲力尽,大脑仍处于兴奋状态,无法休息。

· 持续头痛、头晕。

· 肌肉疼痛、紧张。

· 肠胃不适。

· 性功能障碍。

· 对吸烟、酗酒或暴饮暴食等成瘾行为更加依赖。

· 感到不堪重负,即使是很小的、感觉可控的压力源,也会主动逃避。

💡 **试试看:** 如果你认为自己可能在经历倦怠,试着回答下面这些问题,然后花时间反思你的答案,以及这些答案对你意味着什么。评估倦怠有专门的量表(Kristensen等,2005;Maslach等,1996),但只有你最了解自己的感受。

反思一下，你目前的状况是如何影响你的健康的，这能帮助你认识到什么时候应该做出改变。

· 你大概隔多久会感到萎靡不振？
· 当你早晨醒来时，一想到今天要做的每一件事情，是否感到疲惫不堪？
· 如果有空闲时间，你是否有足够的精力享受闲暇？
· 你是否感觉自己总是容易生病？
· 当问题出现时，你觉得你有能力处理好吗？
· 你觉得你的成就配得上你的努力吗？

大脑和身体的交流是双向的（见图8）。也就是说，当你的身体长期处于压力之下，有关压力的信息就会持续改变你适应性很强的大脑，大脑就会试图调节你的身体。这就是压力对身心健康非常有害的原因，它会影响我们的方方面面（McEwen & Gianaros，2010）。

在做好压力的平衡管理，利用压力来保持健康的同时，我们还需要平衡好外部的需求与身体能量的补充。外部的要求越多，我们需要的能量补充就越多。这就好比注入木桶中的压力越多，就越需要更多的阀门来释放，为持续的要求腾出空间。

好消息是，我们可以通过一些简单的工具来减少压力对身体的伤害，我会在下一章介绍这些工具。

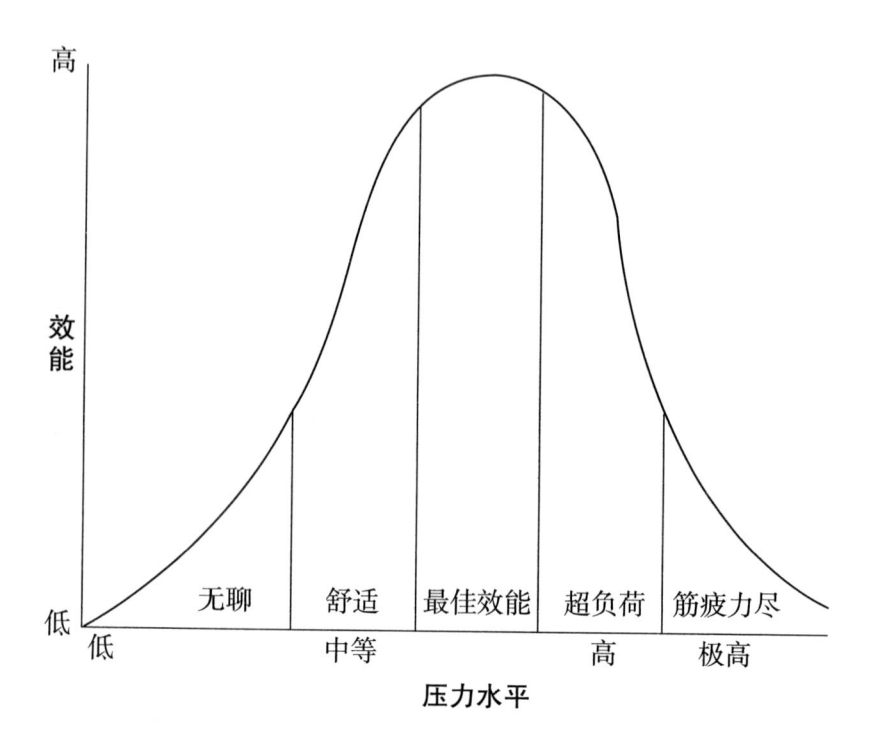

图8：压力曲线。一定程度的压力能帮助你的效能达到最佳状态。超过这个限度，你的效能就会下降。

本章小结

- 短期的压力反应能激发出最好的状态。

- 长期压力就像在高速公路上开车挂二挡，用不了多长时间，就会出事故。

- 倦怠不仅仅是工作造成的。

- 没有万能的灵丹妙药。对其他人保持平衡有用的方法对你也许没有作用。

- 如果你出现倦怠的迹象，你要倾听它们并及时回应，要学着满足自己的需求。

第三十章
把压力变成动力

在前面关于"恐惧"的章节中，我谈到了使用呼吸技巧来快速平静身心（见第196—197页），这些技巧同样有助于缓解压力。呼吸能够直接影响你的心率和压力水平。当你吸气时，横膈膜向下移动，让胸腔内有更多空间供心脏进一步扩张，从而减缓血液流动速度。当大脑接收到这一信息时，它就会发出信号，让心脏加速跳动。

相反，当你呼气时，横膈膜向上移动，留给心脏的空间就会变小，因此血液流动的速度会加快，大脑就会发出信号，让心跳慢下来。

· 如果呼气比吸气更有力，时间也更长，心率就会降低，身体也会随之平静。

· 如果吸气比呼气的时间长，人就会变得更警觉、更活跃。

因此，让你的压力反应平静下来的最直接的方法就是控制呼吸，让呼气比吸气更有力、时间更长。

需要注意的是，当你感觉压力大到让你喘不过来气的时候，你的目标不应该是让自己从焦虑不安的状态转变为放松冥想的状态。如果外部环境对我们要求很高，我们希望自己能保持警觉，用这样的方式呼吸，你会发现你的思路变得清晰，也能更轻松地解决问题。从这个意义上来看，我们并不是要让压力完全消失，以此获得彻底的放松，而是要让自己处于最佳状态，在把压力反应转化为有利因素（比如提高警觉）的同时，尽量减少不利因素的影响（比如担忧、焦虑）。

不过，如果你是专门腾出时间来练习放松，或者对呼吸法有兴趣，那么你可以长期使用这个技巧来达到身体深度放松的状态。前提是你的时间很充裕，同时没有杂事和工作干扰。但如果你现在正是需要高效工作的时候，那么在短时间内通过呼吸技巧来帮助自己渡过难关，是一个很好的选择。

▪ 向他人求助

我相信很多父母都有过这样的经历：躺在床上，脑子里突然闪现出一个问题，万一家里着火了应该怎么办？如何尽可能迅速地救出每一个孩子？父母这种本能的保护欲是否属于"战斗或逃跑"反应呢？实际上，"战斗或逃跑"只是人类众多本能反应中的一种。与他人建立连接，保护他人，就像"救火或逃离火场"一样，也是我们的生存本能的一部分。有些压力情况会导致更自私的行为，而在有些情况下，人们会更加关心他人。

研究还表明，当我们处于压力状态时，如果我们专注于关心他人，就会改变我们大脑中的化学物质，会让人感受到希望和勇气（Inagaki 等，2012）。它甚至能保护我们免受长期的慢性压力和创伤的有害影响，也能帮助我们形成复原力（McGonigal，2012）。这种"互助友好"（tend-and-befriend）的压力反应模式也许是从对后代的保护欲进化而来，但这种压力反应是通用的，也就是说，我们可以把同样的勇气应用到任何情况中。与他人建立连接也能够帮助我们从压力中恢复。

社交隔离本身就会让人的身心承受巨大的压力。和我们所爱的人面对面交谈、全身心地投入到人际互动中，有助于减轻短期压力和长期压力的影响。

▪ 目标

我们接触到的很多东西，尤其那些讲自我提升的课程，都是关于做最好的自己，在人群中脱颖而出，出类拔萃。当你结识新朋友时，你听到的第一个问题往往是"你是做什么工作的"。问这个问题很正常，但它也确实反映出我们非常关心别人的职业。我们人生目标的设定往往是从竞争的角度考虑，每个人都努力通过成就来证明自己。可是幸福不是追求与众不同，很多人付出了过度疲劳和出现心理危机的惨痛代价后，才明白这个事实。

庆幸的是，科学已经在揭穿这个谬论。那些把生活建立在以自我为中心的目标上的人，更容易抑郁、焦虑和孤独；而那些目标不仅仅局限于自我的人，往往感到更有希望、更感恩、更受鼓舞、更振奋，幸福感更强烈，对生活的满意度也更高（Crocker等，2009）。当然，每个人都有专注于自我的时候，也有专注于超越自我的目标的时候，重要的是要有能力在这两种心态间切换。要想改变压力体验，我们需要花一点点时间去思考，如何选择，如何努力，才能为更伟大的事业做出贡献。当我们专注于用行动帮助他人时，面对高压情况的压力反应会更小（Abelson等，2014）。

那么，这在现实世界中意味着什么呢？当遭遇压力性事件时，如果能有意识地努力让我们的行动符合我们的价值观，能对他人产生影响，我们就会发现压力更容易应对。通过这个方式，我们可以改变奋斗的意义，从而获得坚持下去的动力，而不是被动地逃避压力。比如考试这样的压力性事件就会变得不那么具有威胁性，因为它不再是为了证明自我价值。我们的自我价值体现在为了改变而做出的努力上。

试试看： 如何从以自我为中心转向更大的目标。当你感到压力，觉察到自己有想要逃避的冲动时，要花些时间审视自己的价值观。你可以问自己下面这些问题。

- 这样的努力或目标符合我的价值观吗？
- 我想做出怎样的贡献？
- 我希望我所做的事给别人带来怎样的改变？
- 在这个过程中，我想倡导什么？我付出的努力对我来说有怎样的意义？

🔧 工具箱：利用冥想减压

冥想不是一种信仰体系，也不是一种新时尚。正如科学所发现的那样，冥想能对人的大脑和生活质量产生强大的影响。科学家们还在继续揭示冥想的更多细节，而我们已经知道，冥想可以改变大脑的结构和功能，从而帮助我们减轻压力，提高调节情绪的能力。

我们感到有压力，大多是在休息时间更少的时期。瑜伽睡眠术（Yoga nidra）是一种能促进深度休息和放松的冥想技巧。这个技巧很简单，通常会使用引导冥想的音乐，引导你进行感知练习（比如将意识集中在呼吸和身体的某个部位上）。近年来，越来越多的研究人员对瑜伽睡眠术进行了研究，发现它不仅能减轻压力（Borchardt等，2012），还能改善睡眠（Amita等，2009）、增强整体幸福感。大多数引导式冥想要持续30分钟，但最近关于11分钟冥想（11-minute meditations）的研究发现，即使是短时间的瑜伽，也可以帮助那些无法长时间冥想的人缓解压力（Moszeik等，2020）。

所以，当你任务繁重，时间又紧张的时候，利用短暂的休息时间做做瑜伽睡眠术的练习，效果会远胜于把这10分钟用来刷手机。

但冥想不是万能的，就像运动一样，它是一种有潜在力量的强大工具。冥想有很多种类型，下面是一些科学证实有效的冥想类型。

· 正念冥想。作为几种心理治疗方法的一部分，正念冥想得到了最广泛的推广和传授。它将冥想与正念练习结合在一起，让我们完全专注于当下，有意识地觉察，不附加主观评判，接受自己的想法和感觉。这是一个很好的练习,能有效地帮助我们处理压力和情绪。它不是让你停止思考,而是让你更轻松地成为想法的"见证者",而不必对它进行评判。

·以图片、关键词(这里指对你有着重大意义的一个词、短语或一句话)或物体为辅助,帮助集中注意力的冥想。

·引导式冥想,帮助我们培养同理心和慈悲心。

正念并不是让你整天坐在一圈蜡烛中间冥想。正念是练习关注当下,观察感觉的来去,既不被感觉所困,也不要与之抗争。它意味着对体验保持开放和好奇,不加评判,也不急于赋予它们意义。冥想是比较正式的练习正念的方式。就像去驾驶学校学习开车,直到把这种练习变成本能,通过冥想练习正念也是如此。

所以,无论你是已经开始练习冥想,并且想把这些技能运用到日常生活中,还是在练习冥想的过程遇到了一些困难,但仍然想继续尝试正念练习,你都可以利用下面的几个方法,把正念练习付诸行动。

▪ 正念行走

·从注意脚底的感觉开始。脚踩大地的感觉是怎样的?注意脚离开地面的时刻,脚在空中前行移动的时刻,脚再次着地的时刻。

·行走时觉察手臂的动作,不要想着去改变这个动作,只是觉察。

·扩大意识范围,觉察整个身体以及身体推动自己前进的感觉。觉察在前进过程中，身体的哪些部分需要移动以起到推动作用，哪些部分要保持不动。

· 将注意力进一步扩大到你周围的声音上。试着去聆听那些你平时不会注意到的声音，要不加评判地去觉察。

· 每当你的思绪游离，开始想别的事情时，慢慢地将注意力拉回到此刻行走的体验中。

· 在你行走的时候，觉察你能看到的一切，觉察它们的颜色、线条和你的视觉感知到的移动。

· 呼吸时，把注意力集中在空气的味道上，你闻到了什么气味？觉得少了什么气味？

▪ 正念沐浴

对于很多人来说，早上洗澡的时候，也是大脑开始计划一天的工作的时候，我们会忧虑今天要做的每一件事，甚至没有勇气离开淋浴喷头，开始新的一天。其实这几分钟正是练习正念的好机会。与一天中的其他时间段相比，这个时候会有许多不同寻常的感觉，有些人发现在沐浴时更能专注于当下。

· 把注意力集中在水流冲击身体的感觉上。它首先滑落在哪个部位？哪些部位没有接触到水？

· 觉察水的温度。

・仔细去闻香皂或洗发水的气味。
・闭上眼睛，聆听所有声音。
・觉察水汽和悬浮于空气中的水滴、落在不同物体表面上的水滴。
・当你站在那里时，觉察身体的所有感觉。

▪ 正念刷牙

・把注意力集中在味觉上。
・牙刷移动时，觉察它带来的感觉。
・觉察手部动作和手握牙刷的力度。
・聆听刷牙时的声音和流水声。
・觉察漱口时的感觉。
・每当思绪游离时，慢慢地引导你的注意力回到此时此刻正在进行的动作以及各种感觉上。
・试着用同样的好奇心去觉察你每天都在做的事情，把它们当作全新的体验。

无论是游泳、跑步、喝咖啡、叠衣服还是洗碗，你都可以进行同样的正念练习。选择一项日常活动，然后按照提示，专注地做这件事。

记住，如果你发现自己老是走神，那并不是你做错了。每个人的思想都在不断走神，这是为了去理解这个世界。正念不是最大限度的不间断的专注，正念是一个过程，觉察到想法的飘忽不定，并有意识地将注意力重新拉回到当下的过程。

▪ 敬畏

冥想可以帮助我们与自己的想法和情绪保持一定的距离，而另一种体验也有类似的效果，那就是敬畏。敬畏就是我们在面对广阔无际的、超出自己理解范围的事物时的感觉。生活中的美、自然世界、非凡的能力都会让我们产生敬畏。敬畏会迫使我们重新评估、重新思考，以适应这种新的体验。与气场强大、富有魅力的领导者面对面，凝视夜空，思考宇宙，体验生命的孕育，都会令我们心生敬畏。有些敬畏来自一生只有一次的体验，比如见证新生命的诞生；有些敬畏则来自日常生活中重复的体验，比如在林中散步、眺望大海，或者聆听动人心弦的歌声。

到目前为止，心理学研究似乎忽略了这一领域，但我们确实看到有些人能够通过敬畏来摆脱日常生活中的小烦恼，把注意力从琐碎的小事扩大到更广阔的世界、更有意义的事情上。不过，自从积极心理学的研究诞生以来，心理学家们逐渐认识到积极情绪的重要性，而不再只是关注如何消除消极情绪（Frederickson，2003）。

敬畏与感恩之间存在某种关联，但到目前为止，还缺乏实验证据。我听到人们在谈论自己敬畏之心的同时，也会感慨自己的渺小，这能让他们更清楚地意识到什么是最重要的。它能让人内心充满感恩，也会让人觉得自己能有机会活在这个世界上就是个奇迹。你不需要前往泰国的寺庙，或者去尼亚加拉大瀑布体会敬畏，你可以通过专注于想法和意象来感受它。许多心理自助导师和励志演说家都谈到过，一个人能降生到这个世界的概率是400万亿分之一。这个概念也许很难理解，但会迫使我们花时间去感恩自己有机会活在这个世界上是多么幸运，哪怕只是短暂的一生。它会让我们产生敬畏感，不再局限于小我。在浩瀚的宇宙中，没有什么比感觉到自己的渺小更能减轻压力的了，你会因为这个新的视角而得到安慰。当你承认了自身的渺小，你会以一个新的视角去看待那些消耗你的东西。

所以，面对压力时，为什么不探究一下什么能让你心生敬畏呢？无论是亲近动物、大自然，观看精彩绝伦的表演，还是仰望星空，你都可以通过写日记记录下当时的体验，帮助你理解它对你的影响，即使无法再回到那个时刻，你也总能回忆起那种体验。

本章小结

- 改变一些简单的行为模式，比如呼吸模式，能改变你的压力水平。

- 科学表明，冥想对大脑和我们处理问题的方式有显著影响。

- 与他人建立连接能帮助我们从压力中恢复。社交隔离会让人身心俱疲，承受巨大压力。

- 以做出贡献为目标，而不是把竞争当成目标，这样在面对压力时，我们才有动力和毅力。

- 寻找能让自己产生敬畏之心的体验，以改变视角。

第三十一章

如何处理必须面对的压力

我们每天都在被"压力有害"这样的信息狂轰滥炸，因此大多数干预措施都专注于摆脱压力源，增加休息和放松时间。可如果引起压力的事件是我们必须面对、不可避免的，那该怎么办？当你参加面试或走进考场时，你是如何面对激增的压力的？我们该如何应对这些时刻并保持斗志呢？当你面对压力大的情况时，所有教你放松和减压的方法似乎都没有用了，你不可能在考试快开始时匆忙地做一次深度放松练习；或者在得到几个月来唯一一次面试机会时，告诉自己表现得不完美也没关系。在这样的情况下，我们真正需要的是一些明确的方法，利用压力来帮助我们表现得更好，甚至从压力体验中学习。我们需要知道如何积极地应对那些不可避免的高压力的情况。

在短期的高压力的情况下，压力也会表现出有益的一面。我们的目标不是消除压力，不是要像走进家里的客厅一样轻松地走进考场，相反，我们是要利用压力带来的好处，而不是被压力压垮，影响正常的发挥。

▪ 心态——你与压力的新关系

研究表明，我们对压力的看法会影响我们在压力下的表现。我们不应该把压力反应视为问题，而应当把它看成一种财富，这样就能让我们解脱出来，不再执着于压制这种感觉，转而专注于完成那些必须做的事。当我们不再担心压力时，会感觉更自信，表现得也会更好。这种心态的转变是从"不管压力有多大，都要尽自己最大的努力"到"当你感觉到有压力的迹象时，你会调动精力，集中注意力，尽最大努力"，两者之间有着细微的差别。"有证据表明，这样做有助于减少压力带来的疲惫感"（Strack & Esteves, 2014）。

因为当我们把精力完全集中在减轻压力这件事上时，无论这件事是大是小，我们都是在强化"压力是一个需要解决的问题"这样的错误概念。当你努力向目标前进，却突然感觉到压力时，那就带上压力一起前行吧。让它帮助你集中精力，充满活力，精准行动。你天生就能在压力下表现得更出色，这正是你现在要做的。提醒自己这一点，会改变你把压力视为问题和"症状"的消极看法。事实上，研究表明，只要提醒人们，他们在压力下会表现得更好，他们的实际表现就会在原来的基础上提高33%（Jamieson等，2018）。

▪ 糟糕的语言

改变我们心态的其中一个方法就是语言的使用。我们使用的语言能在很大程度上决定一个情境的意义和我们的应对方式。设想你是一名职业运动员，就在你走出更衣室，准备上场之前，教练对你说："你今天恐怕会输。"这句话不仅会让你的压力增加，而且你接下来的思维方式也会变成灾难化思维，原本的压力也会变为恐惧。

社交媒体上充斥着许多正能量的金句，并且被大量引用，如果能在正确的时间传达给正确的人，也许能起一些作用。那么这些句子能带来什么改变呢？

有些句子强调的是我们应该停止做什么，或者笼统地告诉你，生活中应该避免什么。可是把注意力集中在"什么不该做"上，会有很大的问题。我们只有一个聚光灯，如果我们把它聚焦在"什么不该做"上，就没有机会去关注我们需要做什么让事情顺利进行。

另外一些句子则是纯粹的积极励志。当然，它们都能令人振奋，但前提是你要真正相信。有些句子只是含糊其词地说"保持乐观"或"好好爱自己"，对于你要如何应对面前的挑战，并没有提供明确的指导。

戴夫·阿尔雷德博士（Dr Dave Alred）是一位出色的绩效教练，他曾与多位世界一流运动员合作，帮助他们在面对极大的公众压力时，发挥出最高水平。在肯定运动员的表现时，他从来不使用绝对化词语，只是描述运动员相信的具体的事实，这些事实非常关键，能让运动员有良好的心态。同时他会告诉运动员，在这个过程中坚持下去，就能取得进步。也就是说，那些明确告诉我们应该关注什么的话语，会给我们指明方向。阿尔雷德（2016）建议，先说"怎么做"，然后具体地描述按照正确的步骤做，会看到什么结果。下一步，想象一下你将要实现目标时的情绪状态。当你压力很大并影响到你的注意力和表现时，你可以练习用这样的句式和自己对话，让你的想法、感受和行动与你的目标保持一致。你面对什么类型的要求，就使用什么类型的描述方式，关键是描述要简短、具体、有指导意义，让你体验到在面试前你已经做过演练的感觉。

▪ 重构

我在本书的其他部分讲到过重构，它对于应对压力也同样有用。重构就是利用语言或意象的力量来调整你对情境的感知方式。你不会说服自己去相信你根本就不相信的事，你只是想改变你的参照系。从一个新的角度看待事物，能让我们从体验中获得新的意义，而且，这样做也能改变我们的情绪状态。在关于"恐惧"的那一章，我谈到了将焦虑重构为兴奋。同样，我们可以把压力的感觉重构为坚定的感觉，或者把威胁重构为挑战。仅仅是换一个词语，就能改变它的意义，这样我们也不必再掩饰我们真实的身体感觉。如果用重构后的词语，我们就会选择拥抱那些感受。如果是重构前的词语，我们会厌恶它们，并且会主动避开。

▪ 焦点

在高压状态下，我们会变得目光短浅，这很正常，因为它能帮助我们专注于最重要的外部要求。但如果压力已经让人难以承受，我们也可以做一些事情让身体保持高输出，同时也能静心。相关研究表明，从狭窄的视野转到更开阔的视野，能够起到静心的作用。这不是让你环顾四周，而是让你扩大视线范围，更多地关注周遭的环境。视觉系统是自主神经系统的一部分，通过扩大视线范围这个方式可以触及大脑中与压力和警觉水平相关的神经回路。休格曼（Huberman，2021）认为，这是一个强大的技能，让你在更高级别的激活状态下仍能感到舒适。我们并不希望压力反应停止，因为在高压情况下我们会需要它。我们只希望大脑能更好地接受它，提高我们的压力阈值。

▪ 失败

我们会感到压力，往往是因为要承担很高的风险。我们相信失败会造成很大的影响，因此，当我们把失败看作巨大的威胁时，大脑就会关注那个威胁，以确保我们能避开它。对于那些无论遭遇了什么样的失败都会进行自我攻击的人来说，任何潜在的失败迹象，都会导致压力反应的激增。

我们集中注意力的能力是有限的，当我们在压力状态下做事时，我们需要完全控制注意力，专注于能帮助我们应对挑战的事。为了克服当下对失败的恐惧，让自己不再专注于那些可能出错的事情，我们需要让自己全身心沉浸在对过程的关注，不给自己留任何空间去担心结果。

如果情况允许，你不妨事先练习一下，让自己熟悉这个过程以及这个过程中会有的体验。你可以提前准备好指导性的语句，它们会提醒你，你应该关注什么、期待什么。勤加练习，你就能在这个过程中变得自信而笃定。

根据我们面临的挑战和可能会出现的失败，我们同样可以用重构来改变自己对失败的看法。

试试看：假如你想通过写日记来探索这个主题，不妨参考下面的提示问题。

- 你如何应对自己的失败？
- 你会否认失败，迅速向前看，忘记曾经发生过的事情吗？
- 你会立刻开始自我攻击、辱骂自己、怨恨自己的某些性格吗？
- 还是会从外部找原因，抱怨这个世界让你的生活如此艰难？

如果说有哪些方面我们学得还不够，那一定是如何应对失败。如果我们认为错误和挫折能定义我们，能说明我们的自我价值，那么即使是再小的失败,也会引发羞耻感和想要放弃、退缩、逃避和阻止痛苦感受的冲动。这种情况多见于完美主义者。完美主义者关注的是在别人眼中自己必须是足够好的,而且以为别人对他们的评价标准也是是否完美。如果我这次没做好,那我就是个失败者。如果这次我输了,那我就是个失败者。这就是完美主义者的思路,哪怕只是遇到暂时的小挫折,他们也会彻底否定自己。

在面对失败时,如果我们能关注当下具体的情况,不对自己的性格展开全面攻击,而是意识到不完美是人性中的共同点,那么情绪反应也会不同。对判断失误、选择错误感到内疚,可以让我们诚实地面对自己的过失,而不会觉得自己注定永远是个失败者。关注的焦点是具体的行为,而不是进行自我攻击。

最重要的是,你仍然要对自己的行为负责。自我共情不是推卸责任,而是把具体的错误看作一个孤立的事件,这样你才能以开放的心态吸取教训,调整价值观。这才是从错误中学习、进步的途径,而羞耻感会让我们丧失动力,止步不前。

应对失败很难,因为它会加剧压力反应。在压力状态下,我们的消极信念会被激活(Osmo等,2018)。我们会产生这样的想法:"我是个失败者,彻头彻尾的失败者,我毫无价值,一事无成。"这样的想法以及随之而来的羞耻感会给我们造成极大的冲击,我们会觉得自己不被理解,孤立无助。我们会把这些想法当成事实,觉得只有自己才是这样的,所以我们隐藏自己的感受。但事实上,地球上的70亿人或多或少都有消极信念,从本质上讲,这意味着我们并不孤独。只要是人，都需要感到自己值得被爱，需要一个能带来归属感、安全感的群体。

当我们因为失败而羞愧时，我们会感到自己不被人接受，所以认为生存也受到了威胁。这种感觉仿佛要把我们吞噬，甚至会阻止我们去解决问题。因为我们认定问题出在自己身上，而不去分析某个具体的行为或选择。

只要活在这个世界上，就一定会失败，会受到羞耻感的伤害，所以我们需要一些方法来管理并克服羞耻感。我们都需要一个安全的地方，能让我们从失败中学习，而不是怀疑自己作为一个人的价值。这个地方就是我们自己的心灵。当我们所爱的人遭受痛苦时，我们会关心他们，因为我们知道这正是他们所需要的。当我们跌倒时，也要这样关心自己，这是确保我们能重整旗鼓、继续前进的最可靠的办法。

那我们如何才能减少对自己的敌意，说一些自己需要听到的话呢？

▪ 羞耻感复原力

巨大的思维偏差会让我们因为失败而感到羞耻。我们用一件事、一个行为、一个选择乃至一种行为模式来全面定义自己和自己的价值。也就是说，我们只是用特定的信息来判断自己，忽略了优点、缺点。我们不会这样评判自己所爱的人。如果你无条件爱着的人犯了错，你不会希望他们把自己贬得一文不值。你只希望他们能从这段经历中吸取教训，做出更符合自己理想的选择。你仍然希望把最好的给他们，所以你不会用一连串难听的话去辱骂他们。

🔧 工具箱：培养羞耻感复原力

羞耻感也许会非常强烈，令人痛苦。你可以参考以下建议，帮助你培养从失败和挫折导致的羞耻感中复原的能力。

·谨慎选择你的用词。"我是……"这样的语句会引导你全面攻击你的性格和你作为人的价值，再次激发羞耻感。

·反思那些已经发生的事情时，要明确哪些具体的行为是错误的。一个行为或一系列行为并不能代表你的全部。

·认识到你并不是唯一有羞耻感的人。刚刚经历过失败或挫折的人都容易受到羞耻感的影响，也会产生自我厌恶，绝大多数人都会有这样的情况，但并不意味着这就是对的、有益的。

·要知道，羞耻感虽然痛苦而强烈，但只是暂时的。我们可以通过自我安抚的技巧（见第109页）来帮助我们驾驭情绪的波动。

·如果你所爱的人遇到了这样的情况，你会怎样跟他们说话？

·你会如何向他们表达你的爱，同时又要直言不讳，让他们为自己的行为负责呢？

·跟你认识并信任的人聊聊。隐藏羞耻感只会让它一直存在。和好朋友分享可以让我们认识到，羞耻感是人在遭遇失败后的普遍体验。好朋友可以帮助我们对自己的错误负责，因为我们相信他们能坦诚相待，无论发生什么事，都会继续接纳我们。

·在这种情况下，你应该如何反应，才能与你最想成为的那个人相一致？你应该怎样从错误中成长，当你将来回首这段往事时，你会为自己感到骄傲，而且庆幸当时自己这样做了？

本章小结

- 我们对压力的看法会影响我们在压力状态下的表现。

- 把压力看作一种财富，可以帮助你实现目标，你不需要花太多精力去摆脱压力，而是要专注于你被要求做到的事。

- 关注应该做什么，而不是不该做什么。

- 调整你的关注点可以改变压力水平。

- 改变你与失败的关系，培养羞耻感复原力，能帮助你应对高压环境。

觉得人生
没有意义
怎么办

第八部分

ON A MEANINGFUL LIFE

第三十二章

关于"我只想要幸福"的问题

在心理治疗的过程中,为了帮助来访者探索自我,我会让他们思考自己到底想要什么,他们的回答通常是"我只想要幸福"。

但很多年来,幸福的概念一直被那些无法实现的童话误导。这种童话宣扬的都是持久的幸福和满足。随便扫一眼社交媒体,你就能看到一大堆帖子,告诉你要"积极向上,保持乐观,消除负面情绪"。

于是我们留下了这样的印象:幸福是常态,一个人只要觉得不幸福,那肯定是心理有问题。我们还被灌输了这样一种观念:只要获得了足够多的物质财富,就会永远幸福。

但是我们不可能一直保持幸福的状态,我们都是为了应对生存的挑战而生的。情绪反映了我们的身体状态、行为、信念以及周围发生的事情。所有这些因素都在不断地变化,因此,不断变化的状态才是常态。路斯·哈里斯(Russ Harris)在其著作《幸福的陷阱》(The Happiness Trap)一书中解释说,情绪就像天气一样,一直持续且不断变化。它们持续起伏着，从微弱到强烈，从愉快到不快，从意料之中到意料之外。情绪永远是我们的体验的一部分。但就像天气一样，它有时是愉快的，有时是难以忍受的，有时则很寻常，没什么特别的。通过这个方式，我们可以认识到人类体验的本质。如果幸福意味着没有任何不愉快的情绪，那么"从此过上幸福生活"的承诺根本就不可能实现。实际上，我们既可以过上幸福而充实的生活，也能体验到人生来就有的各种各样的情感。如果你认为幸福就是时刻保持积极向上的心态，那么当情绪低落时，你会认为自己很失败，觉得自己做错了什么，担心自己是不是有心理问题。这种想法会让低落的情绪更加沉重。我们有时会感到不幸福，这恰恰因为我们是人，因为很多时候生活都是艰难的。

在我们的生活中，能让我们感到幸福的人或事，带来的不仅仅是幸福的感觉。比如家人是我们的全部，但当他们做错事时，我们会很难过、很生气。父母在养育子女的过程中能感受到深刻的意义、强烈的爱和幸福，但有时也会感到极度痛苦、崩溃和羞愧。所以，幸福的时刻总是五味杂陈。情绪是一个整体，缺一不可。

▪ 为什么意义很重要

有些人去看心理医生是因为他们感到迷茫。他们也说不出到底哪里出了问题，但他们知道自己不对劲。他们对任何事都提不起兴趣，做什么都缺乏活力、热情。正是因为不知道具体问题出在哪里，所以他们也很难找到努力的方向去解决问题。这并不是说他们在努力实现目标，实际上他们根本不知道该设定什么样的目标，也不知道哪些目标值得努力。

很多情况下，这与核心价值观脱节有关。生活让他们远离了对他们而言最重要的东西。有清晰的价值观非常重要，它能为你指明前进的方向；它能让你知道什么样的目标最有意义、最有成就感；它能帮助你度过人生中的痛苦时刻；最重要的是，它会让你提醒自己，即使现在很艰难，你的方向是对的。

▪ 什么是价值观

价值观和目标不一样。目标是你可以为之努力的、具体、明确的事情。目标一旦实现，你就到达了终点，接下来你得寻找下一个目标。目标可以是通过考试，可以是把待办事项全部做完，也可以是跑出个人最好成绩。

而价值观不是一系列可以完成的行动。价值观是一系列关于你如何生活的想法，你想成为什么样的人以及你想坚持的原则。

如果人生是一趟完整的旅程，那么价值观就是你选择要走的道路。这条路永远走不到头。你的旅程可以用很多方式完成，你可以有意识地努力过一种符合你的价值观的生活，一直坚持走在这条路上。这条道路上布满了障碍，你必须一路跨越。这其实就是你在选择这条道路时为自己树立的一个个目标。有的障碍很难跨越，你甚至不确定自己是否能挑战成功，但你一定会拼尽全力，因为坚持走这条道路对你来说非常重要。

人生中也还有很多其他道路，也有其他障碍和挑战，但选择坚持走这一条路，克服这条路上的所有艰难险阻，会让你做的事和你的行动都变得有意义、有目标。正是选择这条道路的初衷让你突破那些你可能从未尝试去跨越的障碍。你会努力通过许多关卡，因为终身学习、个人成长也是你价值观的一部分。

价值观就是你所做的事情、你做事情的态度以及你选择做这些事情的原因。价值观并不能代表你，也不是你拥有的、获得的、完成的东西。

有时我们会偏离自己的价值观。也许是生活发生的一些改变，把我们拉往其他方向，也许是因为我们对自己的价值观缺乏清晰的认识。随着我们的不断成熟和发展，我们的价值观也会改变。我们会逐渐独立，离开家，向遇到的人学习，更多地了解这个世界。我们也许为人父母，也许一直单身。生活中的改变不胜枚举。正因为如此，经常思考对自己而言什么最重要，是非常有意义的做法，这样我们就能在需要的时候做出理智的决定，重新调整方向，以确保自己仍然走在选定的道路上，我们的人生也才会有意义。

如果不清楚自己的价值观，我们在设定目标时考虑的往往就是我应该做什么来满足别人对我的期望，或者想象着一旦我能实现目标，就可以一劳永逸了。这种做法最大的问题在于，我们给获得幸福感和满足感的条件设置了严格的参数,并且把生活满意度和幸福的实现寄托于未来（Clear，2018）。

我并不是建议你永远不要给自己设定目标。而是说,当你朝着某个目标努力时,最好弄清楚你为什么这样做,并认识到人生的美好并不在于目标的实现,而在于我们一路奋进的过程。与其希望未来会更好,不如让当下的生活变得有意义、有价值,根据对你而言最重要的事来安排生活。你依旧会拼尽全力去改变,去争取,而不是在等待有意义的生活的到来,因为你已经拥有了这样的生活。

本章小结

- 我们经常被灌输的观念是，幸福才是常态，一个人要是觉得不幸福，那他肯定是有心理问题。

- 有时我们会觉得不幸福，这恰恰是因为我们是人，而且，人生本就艰难。

- 让生命有价值的人或事带给我们的不仅仅是幸福感，也混杂了爱、快乐、恐惧、羞愧和伤害。

- 要弄清楚自己的价值观，因为它能引导我们去设定人生目标，而实现目标的过程是有意义、有价值的。

- 要把价值观放在第一位，因为它能帮助我们熬过人生的痛苦时刻，让我们知道自己走在正确的路上。

第三十三章
找到最重要的事

下面这些简单的练习（见图9和表3）可以帮助你明确自己现阶段的价值观。需要说明的是，价值观会随着时间的推移而改变，这取决于我们所处的人生阶段和面临的问题。不仅价值观会改变，我们的行为，还有行为与价值观的契合度也会改变。人生总在不断变化，当我们面对改变或遭遇困难时，我们也许会被拉往一个新的方向，远离了那些对我们最重要的事。所以，花些时间审视并重新评估自己的价值观是很有必要的。这就好比在旅途中既要看地图，又要看指南针。我正在往哪个方向走？是要往那边走吗？如果感觉那个方向不对，应该怎么调整才能回到对我最重要的方向？

```
热情        诚实        诚信        公正
   友善      关心他人      有同理心
   有力量      有抱负        值得信赖
可靠        专注        灵活        好奇心
         开明        大胆        忠诚
有创造力      爱冒险        懂得感恩
可信        善解人意       灵性
持之以恒      真诚         自知
   独立      有亲和力       接纳
   爱        坚定         耐心
      专业        尊重他人      勇敢
```

图9：价值观——请圈出对你而言最重要、最有意义的价值观

表3：价值观、目标、日常行为

价值观	目标	日常行为
终身学习 好奇心 个人成长	完成各学科的课程	读书，学习，用考试来挑战自己，不断提高技能。
有爱心 有同理心	记住所爱的人的生日等特殊的日子，在特定的时间拜访亲友	从点滴小事做起，关爱他人，与他人共情。 记下重要的人的生日、纪念日。 腾出时间陪伴所爱的人。 向有困难的人伸出援手。

* 这张表格中的示例能说明价值观与目标的区别，应该如何让目标与价值观一致，并转化为日常行为。

🔧 工具箱：审视你的价值观

在书后的附录中，你会发现一个空白表格，可以通过它来反思你在生活的每个方面最重视什么。前面所举的例子只是一个参考，你没必要完全遵循这些原则。你可以根据你的价值观和目标做出调整。根据下面这个表格（见表4）列举的几个方面，试着思考在你生活中的这些方面，哪些价值观对你而言最重要。你可以参考下面的提示问题。

· 在生活的这个方面，你最想成为什么样的人？

· 你有什么主张？

· 你希望自己的努力能体现出什么？

· 你想做出怎样的贡献？

· 在生活的这个方面，你最想展现出哪些品质和态度？

这项练习的关键部分是在每个方框中列出你的价值观之后的步骤。在接受与实现疗法中，我们会让来访者根据他们认为的重要性给每组价值观打分，分值为1~10分。

在这个量表中，10分表示最重要，0分表示完全不重要。然后我们会让来访者根据他们目前的生活与价值观的一致程度打分，10分表示高度符合，0分表示完全不符合。接下来我们会分析重要性评分和一致程度评分之间的差异。如果差异比较大，说明你的生活已经偏离了对你而言最重要的东西。比如，如果你认为身体健康最重要，并给出了最高分10分，但你给自己的生活与价值观一致程度只打了2分，因为你饮食不健康，也很少运动。这会促使你在生活的这个方面做出积极的改变。

表4：价值观表格

关系	健康	创造力
育儿	灵性、信仰	贡献
学习与发展	休闲娱乐	工作

所有这些都是在告诉你生活要转变的方向。这项练习能帮助你给生活中的事按重要性排出先后次序，它并没有具体规定你应该做什么或者如何去做，只是为你提供了一幅地图，勾勒出生活各个方面的大致面貌。根据这幅地图，你可以决定采取什么行动，让自己更接近你想要走的那条道路。

至关重要的是，这项练习所关注的并不是我们每天遇到的种种问题，也不是我们那些或快乐或痛苦的情绪。它关注的是我们在最艰难和最轻松的日子里能寻找到的意义。它不建议我们等到条件成熟才开始按照符合自己价值观的方式生活。无论周围有什么变化，我们都可以有意识地选择按照自己的价值观去生活。

一旦你确定了你生活中最重要的几个方面，以及你在那些方面的价值观，你就可以通过这项简单的练习来检查你现在的生活与你的价值观是否一致。这项练习最初是由瑞典的接受与实现疗法治疗师托拜厄斯·隆格伦（Tobias Lundgren）设计的，我按照自己喜欢的形式做了一些改编（见图10）。

这个六角星的每一个角代表的是对你来说比较重要的生活方面。直线上的每一个点代表1分，分值范围为0～10分，你要根据你现在的生活与价值观的一致程度进行打分。比如，如果你觉得自己对健康的重视程度没有达到你的理想状态，那就只能打5分；但在亲密关系这方面，如果你觉得自己的表现非常接近你想成为的那种理想伴侣，那你就可以给自己打9分。

六个方面都打好分数后，你可以把六个点连起来，看看你的六角星是什么样的。如果六个角的角度相差很大，你就要重点关注较短的线所

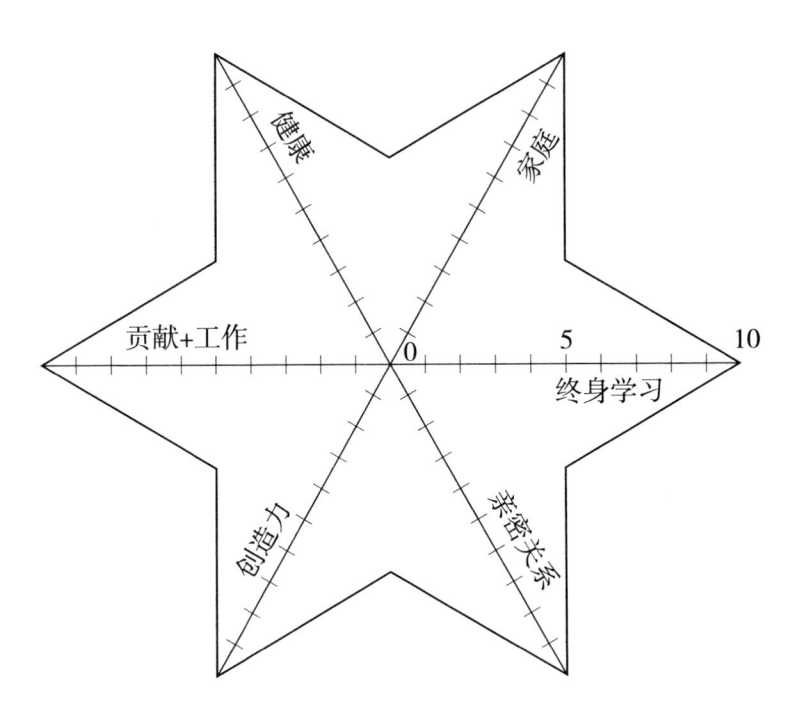

图10：价值观星形图

在的区域。书后附有空白的星形图。

我们经常会感到困惑，我们的价值观在多大程度上代表了自己的意愿，又在多大程度上受到了他人期望的影响。这个问题我必须澄清一下。这并不是说我们对于家庭、团体的责任感和承诺并不重要，也不是说不应该考虑它们。但弄清楚哪些价值观是真正属于自己的，哪些价值观是别人强加给你的，可以揭示出为什么在生活的某些方面你会感到不满足或者和你关联性不强。

💡 **试试看**：还有一种能够定期检查价值观的方法，就是写日记或者进行简单的自我反思。你可以参照下列提示问题进行反思。在心理治疗过程中，我和来访者一起探索价值观的时候会经常用到这个方法。

- 当你在人生下一个篇章回首现在时，如果你希望那时的你对你现在应对生活挑战的方式感到自豪和满足，你现在具体应该怎么做呢？你人生的下一个篇章会是什么样的？回答这些问题时，只关注你自己的选择、行动和态度，而不是那些你无法控制的人或事。思考一下：无论发生什么，你都会如何对待生活？

- 在你与自己、与健康、与个人成长的关系中，你最看重的是什么？这些对你来说为什么重要？

- 为了你生命中的人，你想成为什么样的人？你希望自己跟他们如何相处，想为他们付出什么？

- 当有你在身边时，你希望别人会有怎样的感受？你想给朋友和家人带去什么？

・在我们仅有一次的生命中,你希望活着的时候产生怎样的影响?

・如果没人知道你把时间花在哪里,你还会做这些事吗?

・在这一天或一周之内,你会把什么样的价值观融入你的每一个选择和行动?比如,"今天我要把热情/勇气/同情/好奇心融入每一次体验、选择和行动,我会通过……做到这一点"。

本章小结

- 你可以通过一些简单的练习来弄清楚自己现阶段的价值观。

- 价值观会随着时间的推移而改变，我们的生活与价值观的一致程度也会改变，因此，有必要经常审视自己的价值观。

- 我们可以根据价值观进行大的目标设定，并确立日常的小目标。

- 重点不在于你希望会发生什么，而在于你想成为什么样的人，你想做出什么样的贡献，以及无论发生什么，你都会如何面对生活。

第三十四章

如何创造有意义的人生

现在你已经弄清楚对自己而言什么是最重要的，也意识到你的生活并不符合你的价值观，那接下来应该怎么做呢？你如何朝着这个方向发展？我们在下定决心改变的时候，往往会给自己定一个宏大的、激进的新目标。比如，你在审视了自己的价值观之后，决定要通过运动来强身健体。下一刻，你就开始给自己定新的目标，或者是跑马拉松，或者是加强营养摄入。但只设定目标并不能保证你的生活就此改变并一直持续下去，真正起作用的是你每天重复的这些行动的细节，是这些细节帮助你朝着你想要的方向前进。

你的目标可能是跑一场马拉松。跑或不跑不会带来改变，真正改变你的生活的是你每天为了跑步而做的事：你加入了跑步小组，获得坚持下去的动力；你采取逐渐增加跑步距离的锻炼方式；你改变了营养摄入；等等。设定目标可以帮助你在正确的方向上获得最初的推动力。但更重要的是要记住，目标的终点，也就是目标的完成，实际上是一种限制。如果你已经重新评估了自己的价值观，弄清楚什么是你生命中最重要的，要朝着这个新的方向前进，那你就会一直坚持下去。而有些人刚跑完马拉松，就把跑鞋束之高阁了。

定期检查自己的价值观是很有用的，因为价值观的具体细节会随着时间的推移而发生改变，它能让你有机会关注到日常生活中错综复杂的细节。你可以问自己："今天我想成为什么样的人？"以及："我今天要做些什么，才能朝着那个方向迈进？"如果你想成为注重健康的人，那么在马拉松比赛结束后，你还会继续运动。

这个方法需要双管齐下：一方面，花时间思考并想象你要成为什么样的人；另一方面，把这些想法转化为具体的、可持续的行动，这样你就为自己的努力赋予了意义。改变是困难的，所以当你别无选择、只能改变的时候，你要对为什么改变有一个明确的定位，并有一种永久的认同感。"因为这就是我想要成为的样子"，当你遇到来自自己内心或周围人的阻力时，这样的信念会帮助你坚持下去。随着时间的推移，一旦那些新的思维方式和行为方式建立起来，你的信念就会开始改变。因此，你要想真正成为一个注重健康的人，并不是通过跑马拉松这个最初的目标，而是通过坚持一种新的生活方式。你参加运动，是因为你认同这件事，而不是因为你要达到什么目标。最初的那些要跑完马拉松的想法，已经变得无关紧要。

当我们没有马上看到结果，或者在过程中遇到阻力和障碍时，过度关注结果会让我们更容易放弃。当你第一次决定设定目标时，你可能会感到很兴奋，动力的火花立刻闪现。但是，动力就像火柴上的火焰，不一会儿就会熄灭。这是一种不可持续的燃料来源。而你每天那些既不激进也不高调的微小行动，才有助于你产生新的身份认同。

本章小结

- 在下定决心要做出改变时，我们往往会给自己设立一个宏大的、激进的新目标。

- 只有一个目标并不足以保证我们能做出改变，更不能保证长久的改变。

- 花时间思考并想象你要成为怎样的人，并把这些想法转化为具体的、可持续的行动，这样你会觉得自己的努力更有意义。

- 将你行动的初衷与身份认同联系起来，这样最初的目标实现后，新的行为习惯也会持续下去。

第三十五章
关系

谈论人生的意义时,我们不能不谈到关系。人与人之间的关系成就了我们每一个人。当我们谈到幸福生活时,关系要比金钱、名誉、社会阶层、基因以及所有我们被告知要尽力争取的东西都重要。我们的关系和我们在关系中的幸福程度,决定了我们的整体健康。关系是幸福的核心。健康的关系能够保护我们的身心健康(Waldinger,2015)。这里的关系不仅仅是指恋爱关系、婚姻关系,而是指所有的关系,比如与朋友、家人、孩子、群体的关系。关系的重要性不仅体现在各项健康指标和生物指标的数据中,也体现在人们的情感中。人们临终前的五大遗憾之一就是"真希望以前我能跟朋友保持联系"(Ware,2012)。

关系深刻地定义了我们是谁、我们如何生活,关系也深深地影响着我们的生命质量和幸福指数。但我们却不知道怎么做才能让自己的关系更健康,也没人来指导我们。

从出生的那一刻起，我们就开始与他人建立关系，并从这些经历中学习。我们最先与父母、兄弟姐妹、家庭成员、同龄人建立关系，并把这些关系作为其他关系的模板。在最脆弱无助的年纪，我们必须学好关系管理这门课，因为我们无法选择我们的关系，只能依靠这些关系生存。

但事实证明，我们在生命早期学到的那些管理关系的行为模式，对我们成年后的关系没有太大帮助。

关系对于幸福的人生是如此重要，那么我们（即使已经成年）应该如何理解关系并改善关系呢？

个别治疗（individual therapy）与夫妻治疗（couples therapy）中的一些方法可以帮助我们解决这个问题。认知分析疗法（Cognitive Analytic Therapy，简称CAT）着眼于我们生命早期形成的关系模式，分析这些模式如何在我们成年后的关系中发挥作用。对于那些有机会接受认知分析疗法治疗的人而言，这个过程能帮助你揭示出你在关系中扮演的角色，以及你困在其中的恶性循环。

但对于那些没有条件接受认知分析疗法治疗的人来说，我们能做些什么来更好地理解我们的关系，并努力改善关系呢？

首先，重要的是认清我们曾被流行文化误导而相信的神话，这些神话会让我们觉得自己大错特错。这些神话既有关于亲密关系的，也有关于与朋友、家人的关系的。

关系神话

- **维系爱并不难**。如果你能找到一个适合你的人，那你们就能白头偕老，过着琴瑟和鸣的生活，但现实并非如此。这种想法只会让很多人对自己的亲密关系感到不满。一段长久的关系不是一艘顺流而下的小船，你必须拿起船桨，根据自己的价值观确定方向，做出选择，采取行动。你必须付出努力，而且要一直坚持下去，如果你只是随波逐流，而不是有意识地去选择和努力，就会偏离航道。

- **爱一个人不应该分你我**。在一段关系中，有不同意见是完全正常的。你们不需要对所有事情都保持一致。你们是两个不同的人，有着自己的敏感点、背景、经历、需求和应对机制。当你真正对另一个人敞开心扉，与他建立连接时，你一定会发现，你需要包容和接纳他的某些部分，才能让你们的关系维系一生。

- **爱一个人就要时刻在一起**。无论是在友情还是亲密关系中，都需要留出独立的空间。你们是两个独特的、不同的个体，你们之间的距离并不会威胁到你们的关系。这种要"时刻在一起"的关系神话会加深我们对被抛弃的恐惧，因此我们不允许自己或伴侣在这段关系中发展为独立的个体。当我们在一段关系中感到安全时，我们就能更自由地成为独立的人，不会时刻担心伴侣离开自己。

- **从此幸福地生活在一起**。从童话到好莱坞电影，故事总是在关系开始时结束，好像这段旅程只是为了寻找一个完美的恋人，找到之后就是无尽的幸福。如果恋爱是一段旅程，途中自然会遇到许多障碍和坎坷。无论多么牢固的关系都会有不和睦的时候，彼此会发生矛盾，也会分手，会有其中一方或双方遭遇失败、失去亲人、生病、痛苦的时候；有时你的心情会很复杂，不确定自己的心意，或者不像以前那么有激情；有时一方或双方不知道对方到底想要什么；有时我们会做错事，给对方带来痛苦。如果我们相信"从此幸福地生活在一起"这样的神话，我们就会很容易受伤，一旦关系出问题，就认为这不是自己命中注定的关系，就会选择结束。我们应该意识到所有的关系都会有坎坷，当我们在关系中受到打击时，可以共同面对，一起来修复这段关系。

· 一段成功的关系意味着不惜一切代价在一起。 关系对我们的健康和幸福有很大的影响，但仅仅有一段关系是不够的。如果这段关系对我们的生活有积极影响，我们就应该努力提高关系的质量，并且小心谨慎地努力维护好它。虽然我们能承担起这样的责任，但我们不能强迫他人做出改变。如果一段关系已经对你的身心健康造成伤害，你可以选择结束。

▪ 如何更好地处理人际关系

我们呵护自己，也是在呵护我们的关系。我们把关系处理好，也是对自己的一种呵护。所以这本书中所有关于自我关怀的工具，都是帮助你在关系中成为你想要成为的人。

建立一段好的关系，并不是要把对方变成你期望的样子，或者按你的期待行事。在夫妻治疗中，你们可以一起努力来改善你们的关系，但你也可以通过了解自己的需求、思维模式、行为模式和容易陷入的恶性循环来改善你们的关系。当你能更深入地了解自己，并学着用新的方式与生活中的人（也包括你自己）沟通、相处时，你就能真正地提升关系质量。你知道自己想成为怎样的人，要如何陪伴你生活中的人，以及如何在这些关系中保持边界感和独立性，了解这些能起到指南针的作用。当你在错综复杂、分分合合的关系中感到迷失和困惑时，不必再去别人那里寻找方向感。你可以回归自我，从关系中后退一步，看看当下的选择是否真正符合心中的追求。

▪ 依恋类型

我们的依恋类型在生命早期形成，一开始并不是我们主动选择的。人类像其他哺乳动物一样，对来自父母或其他照顾者的爱和养育有着根深蒂固的需求，以保证自己的安全。这会让每个孩子都能主动亲近父母，在需要的时候向父母寻求安全感和抚慰，并把这种关系作为安全基础。孩子有了这个安全基础，就可以带着安全感去探索这个世界，并运用他们所学到的东西去建立新的关系。但如果生活发生了一些变化，父母无法持久地照料孩子，给孩子提供形成安全依恋所需要的安全感，那么孩子长大后就会把这种不安全的依恋风格带入到成人关系中（Siegel &

Hartzell[1]，2004）。

它会影响我们成年后与他人相处的方式，因为它就是我们自己创造的一个模板，让我们知道在关系中要期待什么，该如何表现。一个人的依恋类型并不是终身固定不变的，你和他人的相处方式也不会固定不变，它的作用是帮助我们理解我们作为成年人为什么会陷入某些恶性循环。人的大脑具有很强的适应性，所以理解这些模式并有意识地选择重复做一些不同的事情，最终这就会成为我们的新常态。

▪ 焦虑型依恋

焦虑型依恋的表现是，你需要不断确认对方是爱你的，不会抛弃你。焦虑型依恋的人可能是在这样的环境中长大——他们觉得不安全，不确定照顾者会不会回来，或者是得不到持续而稳定的关爱、回应和照顾。

焦虑型依恋的人会表现出取悦他人的行为，既想表达自己的需求，又不想跟人发生对抗和冲突，因此内心会非常矛盾，他们更专注于满足伴侣的需求，不惜牺牲自己的需求。

总是担心自己被抛弃可能会成为一种自证预言。如果对方是回避型

---

[1] 丹尼尔·J.西格尔（Daniel J.Siegel），美国著名心理学家，哈佛大学医学博士，加州大学洛杉矶分校精神病学临床教授，专念觉知研究中心联席主任，第七感研究所（Mindsight Institute）创始人；玛丽·哈策尔（Mary Hartzell），加州大学洛杉矶分校儿童早期教育与心理学硕士，儿童发展专家，致力于家长及教师培训和教育工作30余年。——编者注

依恋，你无休止地索求安慰，会让对方感到自己被你控制了，并由此导致你们的冲突。一旦对方没有持续地给你提供安慰，你就会心生怨恨，却又因为害怕冲突而不敢表达自己的需求。

在这种情况下，正确的做法既不是寻求源源不断的安慰，也不是无视自己的需求，希望它们能自行消失。相反，作为焦虑型依恋者，可以通过建立自我意识、学习自我安抚来创造一种不依赖于伴侣的安全感。而焦虑型依恋者的伴侣应该给予对方更稳定、一致的情感，不能被动地等待对方提出需求。这个问题我们可以独立解决，也可以双方共同来解决。

▪ 回避型依恋

回避型依恋与焦虑型依恋几乎完全相反。尽管你也很想与人交往，但情侣间的亲密关系和朋友间的亲密关系都会让你感到威胁、不安全。只有依靠自己你才会觉得安全，随着关系变得亲密，你会开始产生回避的冲动，渴望独立，希望自由，不想和人走得太近，会排斥亲密的行为，也不想与人对抗。

这些行为通常被认为与缺少爱和关心有关，这是在个人成长经历中对我们有重要意义的东西。回避型依恋者可能经历过这样的童年：父母没有和孩子形成良性的依恋关系，不能及时回应孩子的生理需求和情感需求。当孩子想要依赖父母时，得到的却是父母的拒绝，或者被照顾者忽视。

有人误以为回避型依恋者不想或者不需要与人建立连接。但实际上，他们和其他人一样渴望情感，只不过他们在挣扎着放下早年间为保护自己而采取的防御措施的过程中，错过了与人建立深层次关系的机会。焦虑型依恋者要学习自我独立，而回避型依恋者则要学着在亲密关系中主动敞开心扉。作为伴侣，你可以尝试去理解为什么回避型依恋者会对亲密关系感到不安全、不自在，并与他们一起努力逐步培养亲密感。

▪ 安全型依恋

如果父母总是能及时回应孩子的情感需求和生理需求，久而久之，孩子就会知道，他的感受不仅可以表达出来，也能得到父母的回应。他知道表达自己的需求是很安全的，这个世界也能够满足他的需求。安全型依恋者的父母的养育方式并不一定完美，但足够可靠，为孩子打造了安全基础，让孩子能对他人产生持续的信任。

安全型依恋的孩子并不会一直快乐，当他们有需求时，他们也会哭泣。当父母离开时，他们会很自然地表达分离焦虑。当父母返回时，他们会以积极的情感表达依恋并主动寻求安慰，也能通过与父母的重新接触很快平静下来。成年后，他们会很享受亲密的关系，能表达自己的需求和感受，同时也能保持独立的能力。

安全型的依恋关系是一个成年人管理健康关系的坚实基础，当我们与对方保持安全型的依恋关系时，对方的依恋风格也会慢慢受到影响，最后逐渐往安全型依恋的方向发展。安全型依恋的人和另一种依恋类型的人交往时，可以通过理解和共情对方童年时的经历，来改善双方之间的关系。

▪ 混乱型依恋

如果父母无法为孩子提供可靠稳定的照顾和情感支持，或者父母虐待孩子，这样的互动就会形成混乱型依恋。孩子对照顾者会表现出回避或抗拒行为，因为这种混乱的情感体验让他们觉得困惑、不知所措。对孩子来说，父母既是可怕的、危险的，又是唯一可以寻求保护的对象。在成年后，混乱型依恋往往表现为情绪极不稳定，行为反复无常，很难与人建立关系，有分离焦虑，极度害怕被抛弃。

与其他依恋类型一样，如果能得到支持，也是会发生改变的。混乱型依恋的人在亲密关系中很容易受伤，同时又惧怕分离，他们要学着管理好这些情绪。

尽管童年的经历极大地影响了我们在成人关系中表达自我的方式，但并不等于给我们判了无期徒刑。要想更好地与人相处，我们首先得了解自己，了解与自己最亲近的人。知道并了解自己的关系模式，以及我们要交往的人的关系模式，这是改善我们的关系的一大步。了解了每个人的依恋类型，我们就不会将他人的行为个人化，也能有意识地做出选择，建立亲密和信任的关系，改善我们的生活。

那么，我们应该如何付诸行动呢？我们现在能做点什么来改善自己的关系呢？就像很多事一样，并没有立竿见影的方法。持久的改变不是一蹴而就的，而是从有目的和有意识的微小改变开始的。要笃定地、坚持不懈地朝着符合自己价值观的方向努力。确保你的日常行为是有目标的，而不是被动的，方法就是经常后退一步，反思一下自己究竟想要什么。

人际关系研究专家、心理学教授约翰·戈特曼等人（Gottman & Silver, 1999）认为，无论男性还是女性，决定他们关系满意度的最重要因素（占比70%）是友谊的质量。因此，我们可以积极关注如何发展友谊，并努力让自己成为他人更好的朋友。

要想提高友谊的质量，可以经常与朋友见面，享受彼此的陪伴，互相共情，互相尊重，更细致地了解彼此，在日常生活中找到最合适的表达感激和关心的方式。生活中能增进友谊的亲密感与体验越多，你的关系就越能抵御那些不可避免的障碍，比如分歧、让人压力大的生活事件等。如果我们能同心协力，彼此尊重，就能更轻松地应对生活中的起起落落。

▪ 连接

在本书中，我多次谈到逃避感受情绪的危险。我们的关系，无论是亲密关系、朋友关系还是家庭成员之间的关系，本质上都是与情绪交织在一起的。人们在交往互动时，一定会让对方的情绪产生起伏。爱人随便说的几句话，既有可能让我们开心地飞上天，也有可能把我们打倒在地。在双方都情绪激动时，各自后退一步，拉开一些距离，也许是有必要的。但这样做也会让关系变得疏远。所有的夫妻治疗师以及研究文献都会告诉你，只有和对方面对面沟通，才能建立深入的、互相信任的关系（Gottman & Silver，1999）。

与自己、自己的情绪及所爱的人中断连接，会对我们的关系和心理健康产生负面影响（Hari，2018）。然而，我们周围布满了诱惑，引导我们逃避自己的脆弱时刻。我们没完没了地刷社交媒体，企图以此来麻痹自己，或者全身心地投入到工作中，让自己忙得停不下来。或者干脆向内求，按照外界的标准，拼命让自己变得更好，更接近完美，或者更富有。但实际上，这都不是建立关系真正需要的东西。

那怎样做才是有效的呢？以下是专家们给出的关于如何建立有意义的持久关系的建议。

·**自我觉察：**人和人之间建立关系之所以困难，是因为我们并不是总能弄清楚别人的需求、想法或感受，但我们可以探究自己的内心。要想改善关系，最有效的方法就是从探究自己开始。这不是让你自责或自我攻击，而是带着好奇和共情，探究自己容易陷入怎样的循环，以及是什么导致我们变得容易受伤，这样做就为打破循环铺平了道路。我们无法保证关系中的对方也能以这种方式自我反省，但是当我们改变自己的行为时，对方也会做出不同的反应。当然，这并不意味着你是为了让对方改变才自我改变，而是要关注在这段关系中你想成为什么样的人，你想如何表现，你想要什么样的关系，以及你的界限在哪里，为什么要设立这样的界限。

・**情感回应：** 当一段关系出现问题时，我们所感受到的强烈情绪都是非理性的。与人建立安全的情感连接是大脑的首要任务，因为它负责让我们生存下去。当我们吵闹、尖叫、哭泣、退缩或沉默不语时，我们都是在用不同的方式试探对方："你会陪在我身边吗？我对你是不是很重要，重要到你永远不会离开我？在我最需要你的时候，你会怎么做？"我们之前讨论的不同的依恋类型，它们之间的差异就是问这些问题的方式。当我们觉察到自己与他人失去连接时，大脑就会发出"战斗或逃跑"的警报，我们就会做任何让自己感到安全的事。有些人会表现出攻击性，有些人会退缩、逃避，有些人则会封闭情感，表现出一副毫不在意的样子。一旦陷入攻击与疏远的恶性循环，我们就会觉得双方几乎不可能再和好如初，虽然这种痛苦恰恰是由疏远造成的。临床心理学教授、夫妻情绪聚焦治疗（Emotionally Focused Couple Therapy）专家苏·约翰逊（Sue Johnson）教授在她的著作《依恋与亲密关系》（Hold Me Tight）中指出，如果不重新建立连接，我们会一直感到被孤立和疏远。能够和好如初的唯一方法，是情感上的拉近，让对方安心。她还指出，当其中一方在情绪失控状态下，通过指责或攻击的方式来寻求情感上的回应时，另一方则会回避，以沉默来抗议，或者干脆自我封闭。这就会让对方感到被拒之门外，于是越来越猛烈地刺激另一方以获得回应。情绪直接导致的行为是：愤怒让我们攻击与争吵，羞愧让我们回避与躲藏，恐惧让我们逃避或封闭。要想做出补救，我们可以练习倾听对方对连接和依恋的需要。

说起来容易做起来难，这里不可避免地要涉及自我安抚和管理我们自己的痛苦，还有用善意、共情、敏锐的觉察来回应对方的依恋需求，让对方知道，他对你很重要。在这个过程中，我们要一直保持情感投入，关注对方、亲近对方，绝不能疏远对方（Johnson，2008）。

·建立在尊重上的意见反馈：大多数人都知道什么样的反馈可以帮助他们接受信息并从中学习，什么样的反馈会让他们陷入羞耻螺旋[1]。双方互相指责的结果就是两败俱伤。建立一段健康的关系，并不是为了取悦他人而放弃自己的需求，而是当遇到挫折和问题时，要像对待别人那样共情自己、关怀自己。

健康的关系也存在冲突，需要小心地修复关系中的破裂之处。虽然每次冲突的细节不同，但每个人对爱和归属感的基本需求是相同的，无论犯了什么样的错，行为模式有哪些问题，都渴望被接纳。心理治疗的一个基本方面就是关系的创建，个体从这种关系中能获得接纳和无条件的正向关注，而不是评判，从而为自我反省和努力改变的能力创造坚实的基础。当我们觉得自己受到攻击、被人抛弃时，当我们觉得羞耻或不被欣赏时，我们就无法清晰地思考什么才是最好的改进方式。当我们处于求生模式时，为了让对话顺利进行，我们在开始对话前应该仔细思考，准备好合适的措辞，而不要因为挫败感心生怨恨，说出一连串批评、嘲讽的话。我们说话的重点要放在具体的行为上，而不是对人格进行全面攻击，这有助于让双方都保持冷静。大家都明确自己的感受与需

---

[1] 个体觉察到自己的羞耻，或是意识到自己的羞耻表现被他人所觉，从而引发更高强度的羞耻体验，即羞耻引起更多的羞耻。——译者注

求，就避免了无谓的互相猜测。你可以做个角色互换，想想如果你是对方，你希望得到什么样的理解与尊重。当然，要做到这些并不容易，尤其是在情绪比较激动的时候，所以我们得不断回归自己的价值观，经常想一想，自己想成为怎样的伴侣。

·**修复关系：**谈到修复，我们的首要任务就是重新建立连接。我们首先要承认我们在过去发生的事情中所扮演的角色，然后双方都做出妥协和调整。接纳、共情、爱与感恩是建立连接的前提，重新连接自然也离不开这些因素。但一个人在情绪激动时根本做不到这些，所以也不必操之过急。双方可能需要各自独处一段时间，冷静下来，然后才能理性地、有技巧地处理矛盾，从而将伤害降到最低。你也许觉得这听起来太理想化，现实生活怎么可能总是这样？旧的习惯是很难打破的。我们不能强求完美的关系，大家都会犯错。关键是要记得后退一步，重新评估，在出错时尽最大努力修复。如果你能坚持这么做，重复的次数足够多，就会养成新的习惯。

·**将注意力转向感恩：**我在前几章中讲到过，将注意力转向感恩是一件有意义的事。忙碌喧嚣的生活会让我们陷入这样一种模式：当我们需要伴侣做出改变的时候，或者当伴侣令人抓狂的时候，我们很容易把注意力高度集中在伴侣身上。如果我们能有意识地选择专注于我们欣赏和敬重对方的那一面，不仅可以改变我们的情绪状态，还会改变我们今后与对方相处时的行为模式。

·**共同的价值观：**当我们选择了与另一个人携手共度一生时，那么重新审视价值观，后退一步看到更远的人生图景，就不再是一个人的事。找到我们的个人价值观与伴侣价值观的重合之处，同时也尊重彼此的差异，这是亲密关系能够经受住生活考验的关键。从你们建立关系开始，双方都需要关心和被关心，倾听和被倾听，支持和被支持，再进一步扩展到考虑彼此的个人目标和共同的生活梦想。也许你们的关系和家庭生活的某些方面对于双方来说都有着神圣的意义，但有些方面则只有一方看重，不过另一方仍然会全力支持，因为他知道，这对于另一方来说有多重要。比如，可能你并不喜欢参加家庭聚会，但你还是会去，因为你知道你在场对于伴侣来说有多重要。正如我在前几章讲到的，当我们不确定该如何前进时，要弄清楚对你来说什么最重要，这就是我们的指南针和向导。同样地，在亲密关系中，我们也应该花时间去了解对于伴侣而言什么最重要，这不仅能加深双方的连接，也能创造出让双方都能成长、都感到幸福的关系。

🛠 工具箱：明确自己想成为怎样的伴侣

下面的提示问题可以帮助你探究你和伴侣共同的价值观。你也可以根据下列问题来反思其他的关系。我们不能强迫别人做出改变，所以重点是要理解并确定我们自己可以做些什么。

- 本章列出的几种依恋类型，哪一种能引起你的共鸣？
- 在与别人相处的过程中，你的哪些表现符合这一类型的特点？
- 假如你的行为产生了意想不到的后果，你会如何共情自己，同时也对自己的未来负责?

- 你的伴侣以及你们关系中的哪些方面会让你欣赏和感激?
- 在这段关系中,你想成为什么样的伴侣?
- 哪些小小的改变可以帮助你朝着正确的方向前进?

本章小结

- 当我们谈到幸福生活时，关系要比金钱、名誉、社会阶层、基因以及所有我们被告知要尽力争取的东西都重要。

- 我们的关系以及我们在关系中感受到的幸福程度与我们的整体健康密不可分，关系是幸福和健康的核心。

- 改善自我有助于改善关系，而改善关系又有助于改善自我。

- 童年时期所形成的依恋关系通常会体现在成年后的关系中。

第三十六章
何时该寻求帮助

亲爱的朱莉博士，

看了你的视频，我很受启发，也开始接受心理治疗。目前一切都很顺利，我的情况也开始好转。

谢谢你！

也许有人想知道，为什么有必要聊聊心理健康这件事，下面我就来说说原因。我第一年在网上为大家提供心理健康教育的时候，收到了数不清的类似信息。虽然每个人的措辞都不一样，每个故事也千差万别，但传达出的信息是一样的。而且不仅仅是我，网上也有很多人在讲心理健康知识和心理治疗的相关知识。这些都是我们个人层面可以做的。

当你的心理健康出现波动时，会很难做出决定、采取行动，所以寻求你需要的帮助就变得更难，而且也没有明确的指南告诉你什么时候应该去看心理医生。

经常有人问我,什么时候应该寻求专业的心理健康帮助。答案其实很简单,只要你关心你的心理健康,你随时都可以寻求帮助。

文化禁忌、昂贵的费用、对治疗效果的质疑、有限的心理治疗师资源,这些都是现实中的障碍,阻止了很多人获得可能对他们有帮助的服务。克服这些障碍是社会所面临的巨大挑战。从个人层面来说,如果你足够幸运,有机会获得心理健康服务,而且你也非常关心自己的心理健康,那么迈出这一步也许能改变你的人生。去看看心理医生,开启对话,能帮助你深入探索自己的选择。

我经常听到有人说,他们还没到要看心理医生的地步,那些去看医生的人的状况肯定比他们还糟。所以,他们总要等到撑不下去的时候才迈出这一步。可真到了那时,本来能轻松翻越的小山丘就变成了难以征服的高山。不要等到病入膏肓了才想起来去看医生,这绝对不是保持健康的好办法,无论是身体还是心理的健康。事实上,总有人比我们情况更糟。但如果你在这个过程中能寻求专业的帮助,你的心理健康会感谢你为它做的一切,你的人生也会发生意想不到的改变。相信我,我亲眼见证过这样的改变。我见到过有人从绝望的深渊中挣脱,从陡峭的悬崖边后退一步,开始着手改变自己的生活。这样的情况时有发生,也可能会发生在你身上。但它不会在一天或一周之内发生,而是需要许多天或许多周的坚持。

当我们无法获得专业帮助时,我们会比以往任何时候都更需要彼此。互联网为心理健康教育资源的分享提供了便利,并在全球范围内开启了一场关于心理健康的对话。那些曾经被心理问题苦苦折磨却只能孤军奋战的人现在开始明白，心理健康状态的波动就像身体健康一样，是正常的现象。我们也听到过很多疗愈、恢复并成长的例子。希望的种子正在播撒。我们开始听到这样的信息——我们并非无法掌控自己的心理健康。我们可以不受情绪状态的支配。我们可以从情绪中学到一些东西，也可以做出改变，对自己的健康负责。我们可以从获得的一切信息中学习，努力尝试，犯了错就再次尝试，不断学习，继续前进。

在理想的世界里，每个有需要的人在他们需要的时候都能得到有效的治疗。但理想的世界并不存在。所以，如果没有专业的服务，那就要抓住一切学习的机会，并和信任的人分享。人和人的连接、学习、教育都能够帮助我们极大地改善自己的心理健康。

本章小结

- 只要你关心自己的心理健康，你随时都可以去寻求帮助。

- 如果你不确定自己需要多少帮助，专业人士可以帮助你做出决策。

- 在理想的世界，无论是谁，只要需要，就能得到专业的心理治疗。但理想的世界并不存在。

- 如果没有条件获得专业服务，那就抓住一切机会去了解关于心理疗愈的知识，并向你信任的人寻求支持。

参考文献

第一部分　就是开心不起来怎么办

Beck, A. T., Rush, A. J., Shaw, B. F, & Emery, G. (1979), *Cognitive Therapy of Depression*, New York: Wiley.

Breznitz, S., & Hemingway, C. (2012), *Maximum Brainpower: Challenging the Brain for Health and Wisdom*, New York: Ballantine Books.

Brown, S., Martinez, M. J., & Parsons, L. M. (2004), 'Passive music listening spontaneously engages limbic and paralimbic systems', *Neuroreport, 15* (13), 2033–7.

Clark, I., & Nicholls, H. (2017), *Third Wave CBT Integration for individuals and teams: Comprehend, cope and connect*, London: Routledge.

Colcombe, S., & Kramer, A. F. (2003), 'Fitness effects on the cognitive function of older adults. A meta-analytic study', *Psychological Science, 14* (2), 125–30.

Cregg, D. R., & Cheavens, J. S., 'Gratitude Interventions: Effective Self-help? A Meta-analysis of the Impact on Symptoms of Depression and Anxiety', *Journal of Happiness Studies* (2020), https://doi.org/10.1007/s10902-020-00236-6

DiSalvo, D. (2013), *Brain Changer: How Harnessing Your Brain's Power to Adapt Can Change Your Life*, Dallas: BenBella Books.

Feldman Barrett, L. (2017), *How Emotions Are Made. The Secret Life of The Brain*, London: Pan Macmillan.

Gilbert, P. (1997), *Overcoming Depression: A self-help guide to using Cognitive Behavioural Techniques*, London: Robinson.

Greenberger, D., & Padesky, C. A. (2016), *Mind over Mood, 2nd Edition*, New York: Guilford Press.

Inagaki, Tristen, K., & Eisenberger, Naomi I. (2012), 'Neural Correlates of Giving Support to a Loved One', *Psychosomatic Medicine*, 74 (1), 3–7.

Jacka, F. N. (2019), *Brain Changer*, London: Yellow Kite.

Jacka, F. N., et al. (2017), 'A randomized controlled trial of dietary improvement for adults with major depression (the 'SMILES' trial)', *BMC Medicine*, 15 (1), 23.

Josefsson, T., Lindwall, M., & Archer, T. (2013), 'Physical Exercise Intervention in Depressive Disorders: Meta Analysis and Systemic Review', *Medicine and Science in Sports*, 24 (2), 259–72.

Joseph, N. T., Myers, H. F., et al. (2011), 'Support and undermining in interpersonal relationships are associated with symptom improvement in a trial of antidepressant medication', *Psychiatry*, 74 (3), 240–54.

Kim, W., Lim, S. K., Chung, E. J., & Woo, J. M. (2009), 'The Effect of Cognitive Behavior Therapy-Based Psychotherapy Applied in a Forest Environment on Physiological Changes and Remission of Major Depressive Disorder', *Psychiatry Investigation*, 6 (4), 245–54.

McGonigal, K. (2019), *The Joy of Movement*, Canada: Avery.

Mura, G., Moro, M. F., Patten, S. B., & Carta, M. G. (2014), 'Exercise as an Add-On Strategy for the Treatment of Major Depressive

Disorder: A Systematic Review', *CNS Spectrums, 19* (6), 496–508.

Nakahara, H., Furuya, S., et al. (2009), 'Emotion-related changes in heart rate and its variability during performance and perception of music', *Annals of the New York Academy of Sciences, 1169*, 359–62.

Olsen, C. M. (2011), 'Natural Rewards, Neuroplasticity, and Non-Drug Addictions', *Neuropharmacology, 61* (7), 1109–22.

Petruzzello, S. J., Landers, D. M., et al. (1991), 'A meta-analysis on the anxiety-reducing effects of acute and chronic exercise. Outcomes and mechanisms', *Sports Medicine, 11* (3), 143–82.

Raichlen, D. A., Foster, A. D., Seillier, A., Giuffrida, A., & Gerdeman, G. L. (2013), 'Exercise-Induced Endocannabinoid Signaling Is Modulated by Intensity', *European Journal of Applied Physiology, 113* (4), 869–75.

Sanchez-Villegas, A., et al. (2013), 'Mediterranean dietary pattern and depression: the PREDIMED randomized trial', *BMC Medicine, 11*, 208.

Schuch, F. B., Vancampfort, D., Richards, J., et al. (2016), 'Exercise as a treatment for depression: A Meta-Analysis Adjusting for Publication Bias', *Journal of Psychiatric Research, 77*, 24–51.

Singh, N. A., Clements, K. M., & Fiatrone, M. A. (1997), 'A Randomized Controlled Trial of the Effect of Exercise on Sleep', *Sleep, 20* (2), 95–101.

Tops, M., Riese, H., et al. (2008), 'Rejection sensitivity relates to hypocortisolism and depressed mood state in young women', *Psychoneuroendocrinology, 33* (5), 551–9.

Waldinger, R., & Schulz, M. S. (2010), 'What's Love Got to Do With It?: Social Functioning, Perceived Health, and Daily Happiness in Married Octogenarians', *Psychology and Aging, 25* (2), 422–31.

Wang, J., Mann, F., Lloyd-Evans, B., et al. (2018), 'Associations between loneliness and perceived social support and outcomes of mental health problems: a systematic review', *BMC Psychiatry, 18*, 156.

Watkins, E. R., & Roberts, H. (2020), 'Reflecting on rumination: Consequences, causes, mechanisms and treatment of rumination', *Behaviour, Research and Therapy, 127*.

第二部分　做事提不起精神，没有动力怎么办

Barton, J., & Pretty., J. (2010), 'What is the Best Dose of Nature and Green Exercise for Improving Mental Health? A Multi-Study Analysis', *Environmental Science & Technology, 44*, 3947–55.

Crede, M., Tynan, M., & Harms, P. (2017), 'Much ado about grit: A meta-analytic synthesis of the grit literature', *Journal of Personality and Social Psychology, 113* (3), 492–511.

Duckworth, A. L., Peterson, C., Matthews, M. D., & Kelly, D. R. (2007), 'Grit: Perseverance and passion for long-term goals', *Journal of Personality and Social Psychology, 92* (6), 1087–1101.

Duhigg, C. (2012), *The Power of Habit: Why we do what we do and how to change*, London: Random House Books.

Gilbert, P., McEwan, K., Matos, M., & Rivis, A. (2010), 'Fears of Compassion: Development of Three Self-Report Measures', *Psychology and Psychotherapy, 84* (3), 239–55.

Huberman, A. (2021), Professor Andrew Huberman describes the biological signature of short-term internal rewards on his podcast and YouTube channel, The Huberman Lab.

Lieberman, D. Z., & Long, M. (2019), *The Molecule of More*, BenBella Books: Dallas.

Linehan, M. (1993), *Cognitive-Behavioral Treatment of Borderline Personality Disorder*, Guildford Press: London.

McGonigal, K. (2012), *The Willpower Instinct*, Avery: London.

Oaten, M., & Cheng, K. (2006), 'Longitudinal Gains in Self-Regulation from Regular Physical Exercise, *British Journal of Health Psychology, 11*, 717–33.

Peters, J., & Buchel, C. (2010), 'Episodic Future Thinking Reduces Reward Delay Discounting Through an Enhancement of Prefrontal-Mediotemporal Interactions', *Neuron, 66*, 138–48.

Rensburg, J. V., Taylor, K. A., & Hodgson, T. (2009), 'The Effects of Acute Exercise on Attentional Bias Towards Smoking-Related Stimuli During Temporary Abstinence from Smoking', *Addiction, 104*, 1910–17.

Wohl, M. J. A., Psychyl, T. A., & Bennett, S. H. (2010), 'I Forgive Myself, Now I Can Study: How Self-forgiveness for Procrastinating Can Reduce Future Procrastination', *Personality and Individual Differences, 48*, 803–8.

第三部分　陷入痛苦情绪怎么办

Feldman Barrett, L. (2017), *How Emotions Are Made. The Secret Life of The Brain*, London: Pan Macmillan.

Inagaki, Tristen, K., & Eisenberger, Naomi I. (2012), 'Neural Correlates of Giving Support to a Loved One', *Psychosomatic Medicine, 74* (1), 3–7.

Kashdan, T. B., Feldman Barrett, L., & McKnight, P. E. (2015), 'Unpacking Emotion Differentiation: Transforming Unpleasant Experience By Perceiving Distinctions in Negativity', *Current Directions In Psychological Science*, 24 (1), 10–16.

Linehan, M. (1993), *Cognitive-Behavioral Treatment of Borderline Personality Disorder*, London: Guildford Press.

Starr, L. R., Hershenberg, R., Shaw, Z. A., Li, Y. I., & Santee, A. C. (2020), 'The perils of murky emotions: Emotion differentiation moderates the prospective relationship between naturalistic stress exposure and adolescent depression', *Emotion*, 20 (6), 927–38. https://doi.org/10.1037/emo0000630

Willcox, G. (1982), 'The Feeling Wheel', *Transactional Analysis Journal*, 12 (4), 274–6.

第四部分　无法走出悲伤怎么办

Bushman, B. J. (2002), 'Does Venting Anger Feed or Extinguish the Flame? Catharsis, Rumination, Distraction, Anger, and Aggressive Responding', *Personality and Social Psychology Bulletin*, 28 (6), 724–31.

Kubler-Ross, E. (1969), *On Death and Dying*, New York: Collier Books.

Rando, T. A. (1993), *Treatment of Complicated Mourning*, USA: Research Press.

Samuel, J. (2017), *Grief Works. Stories of Life, Death and Surviving*, London: Penguin Life.

Stroebe, M. S., & Schut, H. A. (1999), 'The Dual Process Model of Coping with Bereavement: Rationale and Description', *Death Studies*, 23 (3), 197–224.

Worden, J. W., & Winokuer, H. R. (2011), 'A task-based approach for counseling the bereaved'. In R. A. Neimeyer, D. L. Harris, H. R. Winokuer & G. F. Thornton (eds.), *Series in Death, Dying and Bereavement. Grief and Bereavement in Contemporary Society: Bridging Research and Practice*, Abingdon: Routledge/Taylor & Francis Group.

Zisook, S., & Lyons, L. (1990), 'Bereavement and Unresolved Grief in Psychiatric Outpatients', *Journal of Death and Dying*, 20 (4), 307–22.

第五部分　低自尊人格，经常自我怀疑怎么办

Baumeister, R. F., Campbell, J. D., Krueger, J. I., & Vohs, K. D. (2003), 'Does High Self-esteem Cause Better Performance, Interpersonal Success, Happiness, or Healthier Lifestyles?', *Psychological Science in the Public Interest, 4* (1), 1–44.

Clark, D. M., & Wells, A. (1995), 'A cognitive model of social phobia'. In R. R. G. Heimberg, M. Liebowitz, D. A. Hope & S. Scheier (eds.), *Social Phobia: Diagnosis, Assessment and Treatment*, New York: Guilford Press.

Cooley, Charles H. (1902), *Human Nature and the Social Order*, New York: Scribner's, 183–4 for first use of the term 'looking glass self'.

Gilovich, T., Savitsky, K., & Medvec, V. H. (2000), 'The spotlight effect in social judgment: An egocentric bias in estimates of the salience of one's own actions and appearance', *Journal of Personality and Social Psychology, 78* (2), 211–22.

Gruenewald, T. L., Kemeny, M. E., Aziz, N., & Fahey, J. L. (2004), 'Acute threat to the social self: Shame, social self-esteem, and cortisol activity', *Psychosomatic Medicine, 66*, 915–24.

Harris, R. (2010), *The Confidence Gap: From Fear to Freedom*, London: Hachette.

Inagaki, T. K., & Eisenberger, N. I. (2012), 'Neural Correlates of Giving Support to a Loved One', *Psychosomatic Medicine*, 74, 3–7.

Irons, C., & Beaumont, E. (2017), *The Compassionate Mind Workbook*, London: Robinson.

Lewis, M., & Ramsay, D. S. (2002), 'Cortisol response to embarrassment and shame', *Child Development*, 73 (4), 1034–45.

Luckner, R. S., & Nadler, R. S. (1991), *Processing the Adventure Experience: Theory and Practice*, Dubuque: Kendall Hunt.

Neff, K. D., Hseih, Y., & Dejitthirat, K. (2005), 'Self-compassion, achievement goals, and coping with academic failure', *Self and Identity*, 4, 263–87.

Wood, J. V., Perunovic. W. Q., & Lee, J. W. (2009), 'Positive self-statements: Power for some, peril for others', *Psychological Science*, 20 (7), 860–66.

第六部分　极度焦虑，整天忧心忡忡怎么办

Frankl, V. E. (1984), *Man's Search for Meaning: An Introduction to Logotherapy*, New York: Simon & Schuster.

Gesser, G., Wong, P. T. P., & Reker, G. T. (1988), 'Death attitudes across the life span. The development and validation of the Death Attitude Profile (DAP)', *Omega*, 2, 113–28.

Hayes, S. C. (2005), *Get Out of Your Mind and Into Your Life: The New Acceptance and Commitment Therapy*, Oakland, CA: New Harbinger.

Iverach, L., Menzies, R. G., & Menzies, R. E. (2014), 'Death anxiety and its role in psychopathology: Reviewing the status of a transdiagnostic construct', *Clinical Psychology Review, 34,* 580–93.

Neimeyer, R. A. (2005), 'Grief, loss, and the quest for meaning', *Bereavement Care, 24* (2), 27–30.

Yalom. I. D. (2008), *Staring at the Sun: Being at peace with your own mortality*, London: Piatkus.

第七部分　压力大到濒临崩溃怎么办

Abelson, J. I., Erickson, T. M., Mayer, S. E., Crocker, J., Briggs, H., Lopez-Duran, N. L., & Liberzon, I. (2014), 'Brief Cognitive Intervention Can Modulate Neuroendocrine Stress Responses to the Trier Social Stress Test: Buffering Effects of Compassionate Goal Orientation', *Psychoneuroendocrinology 44,* 60–70.

Alred, D. (2016), *The Pressure Principle*, London: Penguin.

Amita, S., Prabhakar, S., Manoj, I., Harminder, S., & Pavan, T. (2009), 'Effect of yoga-nidra on blood glucose level in diabetic patients', *Indian Journal of Physiology and Pharmacology, 53* (1), 97–101.

Borchardt, A. R., Patterson, S. M., & Seng, E. K. (2012), 'The effect of meditation on cortisol: A comparison of meditation techniques to a control group', Ohio University: Department of Experimental Health Psychology. Retrieved from http://www.irest.us/sites/default/files/Meditation%20on%20Cortisol%2012.pdf

Crocker, J., Olivier, M., & Nuer, N. (2009), 'Self-image Goals and Compassionate Goals: Costs and Benefits', *Self and Identity, 8,* 251–69.

Feldman Barrett, L. (2017), *How Emotions Are Made. The Secret Life of The Brain*, London: Pan Macmillan.

Frederickson, L. B. (2003), 'The Value of Positive Emotions', *American Scientist*, USA: Sigma.

Huberman (2021). Talks by Professor Andrew Huberman on his podcast The Huberman Lab can be accessed on YouTube.

Inagaki, T. K., & Eisenberger, N. I. (2012), 'Neural Correlates of Giving Support to a Loved One', *Psychosomatic Medicine*, 74, 3–7.

Jamieson, J. P., Crum, A.J., Goyer, P., Marotta, M. E., & Akinola, M. (2018), 'Optimizing stress responses with reappraisal and mindset interventions: an integrated model', *Stress, Anxiety & Coping: An International Journal*, 31, 245–61.

Kristensen, T. S., Biarritz, M., Villadsen, E., & Christensen, K. B. (2005), 'The Copenhagen Burnout Inventory: A new tool for the assessment of burnout', *Work & Stress*, 19 (3), 192–207.

Kumari, M., Shipley, M., Stafford, M., & Kivimaki, M. (2011), 'Association of diurnal patterns in salivary cortisol with all-cause and cardiovascular mortality: findings from the Whitehall II Study', *Journal of Clinical Endocrinology and Metabolism*, 96 (5), 1478–85.

Maslach, C., Jackson, S. E., & Leiter, M. P (1996), *Maslach Burnout Inventory* (3rd ed), Palo Alto, CA: Consulting Psychologists Press.

McEwen, B. S., & Gianaros, P. J. (2010), 'Stress- and Allostasis-induced Brain Plasticity', *Annual Review of Medicine*, 62, 431–45.

McEwen, B. S. (2000), 'The Neurobiology of Stress: from serendipity to clinical relevance', *Brain Research*, 886, 172–89.

McGonigal, K. (2012), *The Willpower Instinct*, London: Avery.

Mogilner, C., Chance, Z., & Norton, M. I. (2012), 'Giving Time Gives You Time', *Psychological Science*, 23 (10), 1233–8.

Moszeik, E. N., von Oertzen, T., & Renner, K. H., 'Effectiveness of a short Yoga Nidra meditation on stress, sleep, and well-being in a large and diverse sample', *Current Psychology* (2020), https://doi.org/10.1007/s12144-020-01042-2

Osmo, F., Duran, V., Wenzel, A., et al. (2018), 'The Negative Core Beliefs Inventory (NCBI): Development and Psychometric Properties', *Journal of Cognitive Psychotherapy, 32* (1), 1–18.

Sapolsky, R. (2017), *Behave. The Biology of Humans at Our Best and Worst*, London: Vintage.

Stellar, J. E., John-Henderson, N., Anderson, C. L., Gordon, A. M., McNeil, G. D., & Keltner, D. (2015), 'Positive affect and markers of inflammation: discrete positive emotions predict lower levels of inflammatory cytokines', *Emotion 15* (2), 129–33.

Strack, J., & Esteves, F. (2014), 'Exams? Why Worry? The Relationship Between Interpreting Anxiety as Facilitative, Stress Appraisals, Emotional Exhaustion, and Academic Performance', *Anxiety, Stress, and Coping: An International Journal*, 1–10.

Ware, B. (2012), *The Top Five Regrets of the Dying*, London: Hay House.

第八部分　觉得人生没有意义怎么办

Clear, J., *Atomic Habits* (2018), London: Random House.

Feldman Barrett, L. (2017), *How Emotions Are Made. The Secret Life of The Brain*, London: Pan Macmillan.

Fletcher, E. (2019), *Stress Less, Accomplish More*, London: William Morrow.

Gottman, J. M., & Silver, N. (1999), *The Seven Principles for Making Marriage Work*, London: Orion.

Hari, J. (2018), *Lost Connections*, London: Bloomsbury.

Johnson, S. (2008), *Hold Me Tight*. London: Piatkus.

Sapolsky, R. (2017), *Behave. The Biology of Humans at Our Best and Worst*, London: Vintage.

Siegel, D. J., & Hartzell, M. (2004), *Parenting from the Inside Out: How a deeper self-understanding can help you raise children who thrive*, New York: Tarcher Perigee.

Thomas, M. (2021), *The Lasting Connection*, London: Robinson.

Waldinger, R. (2015), *What makes a good life? Lessons from the longest study on happiness*, TEDx Beacon Street. https://www.ted.com/talks/robert_waldinger_what_makes_a_good_life_lessons_from_the_longest_st udy_on_happiness/transcript?rid=J7CiE5vP5l5t

Ware, B. (2012), *The Top Five Regrets of the Dying*, London: Hay House.

图片

Figure 1 is an adapted variation based on an original from: Clarke, I., & Wilson, H. (2009), *Cognitive Behaviour Therapy for Acute Inpatient Mental Health Units: Working with Clients, Staff and the Milieu*, Abingdon: Routledge.

Figure 2 is an adapted variation based on an original from: Greenberger, D., & Padesky, C. A. (2016), *Mind Over Mood*, 2nd Edition, New York: Guilford Press.

Figure 3 is an adapted variation based on an original from: Clarke, I., & Wilson, H. (2009), Cognitive Behavioural Therapy for Acute Inpatient Mental Health Units, Sussex: Routledge.

延伸阅读

这本书介绍了很多能帮助你改善心理状况和幸福水平的工具和方法。如果你发现某个工具或方法对你来说特别有用，并有兴趣了解更多相关信息，那不妨参看下面所列的心理自助类书籍，也可以向下面所列的组织和团体寻求帮助。

Isabel Clarke, *How to Deal with Anger: A 5-step CBT-based Plan for Managing Anger and Frustration*, London: Hodder & Stoughton, 2016.

Paul Gilbert, *Overcoming Depression: A self-help guide using Cognitive Behavioural Techniques*, London: Robinson, 1997.

John Gottman & Nan Silver, *The Seven Principles for Making Marriage Work*, London: Orion, 1999.

Alex Korb, *The Upward Spiral: Using neuroscience to reverse the course of depression, one small change at a time*, Oakland, CA: New Harbinger, 2015.

Professor Felice Jacka, *Brain Changer: How diet can save your mental health*, London: Yellow Kite, 2019.

Dr Sue Johnson, *Hold Me Tight*, London: Piatkus, 2008.

Helen Kennerley, *Overcoming Anxiety: A Self-Help Guide Using Cognitive Behavioural Techniques*, London: Robinson, 2014.

Kristin Neff & Christopher Germer, *The Mindful Self-Compassion Workbook*, New York: Guilford Press, 2018.

Joe Oliver, Jon Hill & Eric Morris, *ACTivate Your Life: Using Acceptance and Mindfulness to Build a Life that is RIch, Fulfilling and Fun*, London: Robinson, 2015.

Julia Samuel, *Grief Works*, London: Penguin Life, 2017.

Michaela Thomas, *The Lasting Connection: Developing Love and Compassion for Yourself and Your Partner*, London: Robinson, 2021.

可以提供支持的组织和团体

NHS Choices (UK) – www.nhs.uk

Mind – A charity that offers information on their website and local support initiatives. See www.mind.org.uk

Young Minds – A charity that provides information for children, young people and their parents. See www.youngminds.org.uk

Nightline Association – A service run by students for students through universities. They offer a free, confidential listening service and information. See www.nightline.ac.uk

Samaritans – For anyone in crisis, this service offers support and advice 24 hours a day, 7 days a week. See www.samaritans.org

附录

下面是书中所列图片和表格的空白版,你可以自己填填看。

十字概念化

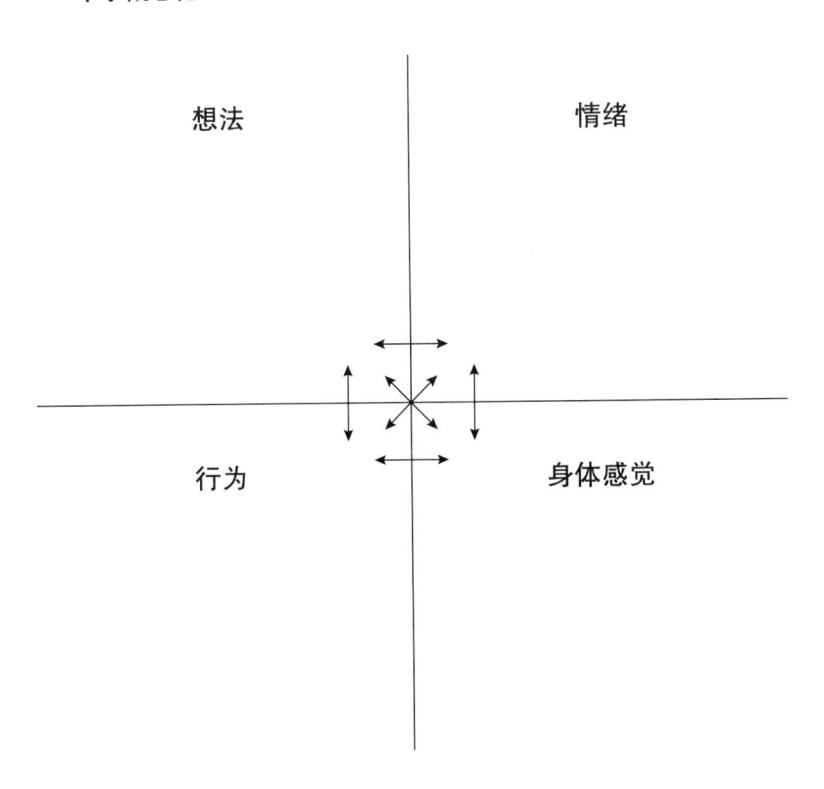

想法　　　　　　　情绪

行为　　　　　　　身体感觉

情绪低落时可用的空白图片(详见图4,第49页)

十字概念化

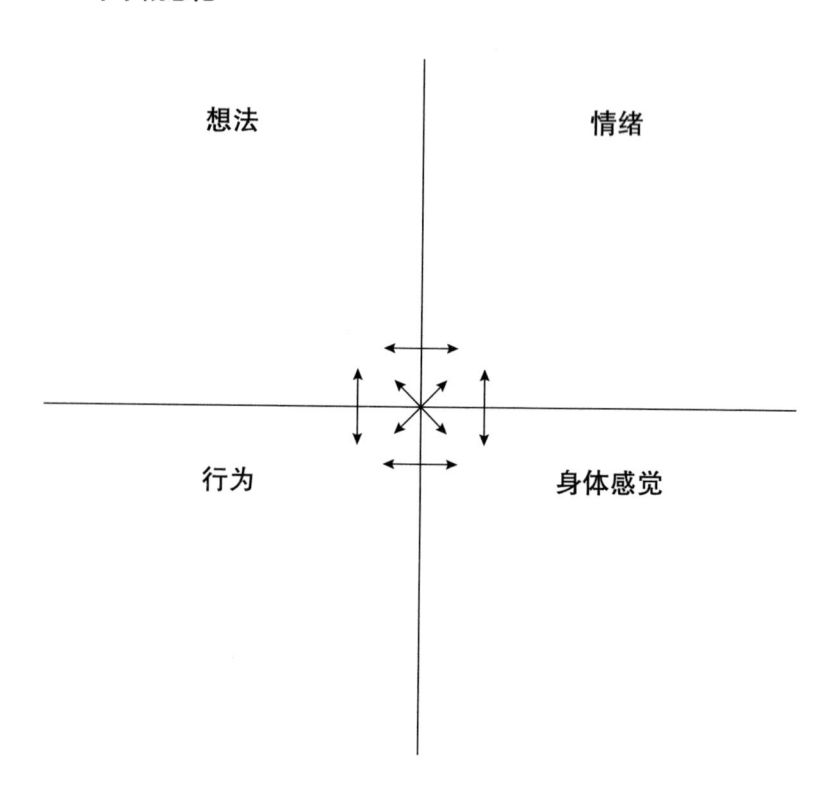

想法　　　　　　　情绪

行为　　　　　　　身体感觉

心情好的时候可用的空白图片（详见图5，第51页）

价值观表格

下面的空白表格可以帮助你思考你在生活的每一个方面最看重什么（详见表4，第277页）。

价值观、目标、日常行为

下面的空白表格可以帮助你把价值观转换为目标和日常行为（详见表3，第275页）。

价值观	目标	日常行为

价值观	目标	日常行为

价值观星形图

你可以参照第279页的图10来完成下面的星形图。

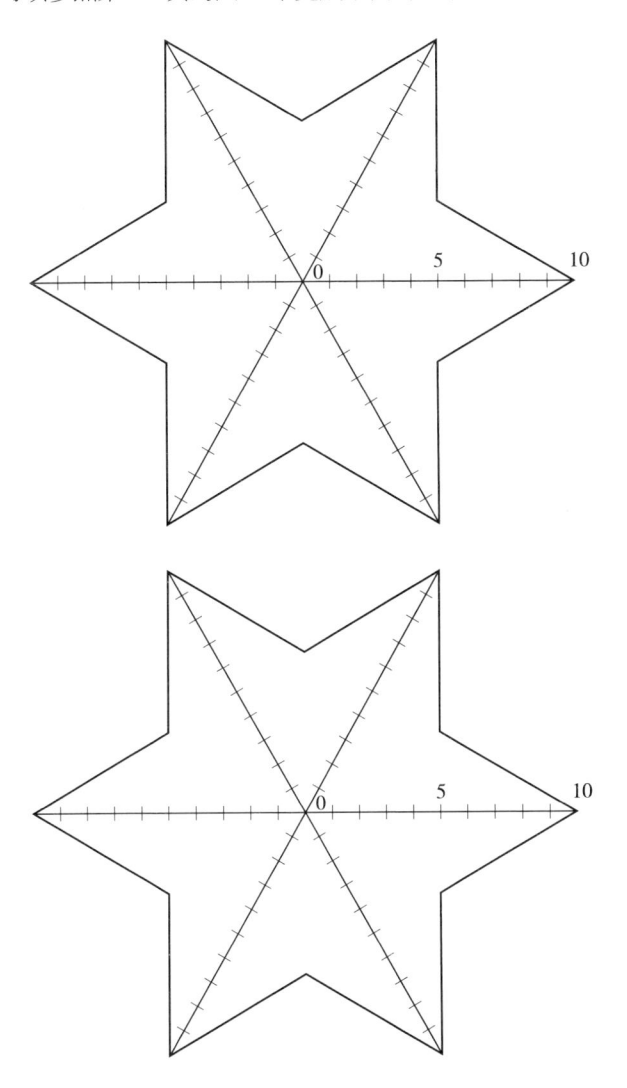

致谢

这本书能顺利出版,离不开很多人的努力,你们太棒了,尤其是我的丈夫马修。感谢你在这场疯狂旅程中所扮演的每一个角色,你是我的创意总监、摄像师、编辑、商业伙伴、顾问,同时帮我做研究,为我出谋划策,给我提意见,还要照顾孩子,你真是个全能型选手。从始至终你都非常相信我,哪怕是在我缺乏自信的时候。

我要感谢我漂亮可爱的孩子们,西耶娜、卢克和里昂,你们对我非常有耐心。写作时我很想念你们。我希望这本书的创作也能激励你们去追求你们的梦想。无论怎样,你们都是我最伟大的成就,事业的成功,比不上你们给我带来的自豪感。

感谢我的父母,在我写作的时候,你们无微不至地照顾孩子们,给孩子们一个温暖的家。我所取得的一切成就都是因为你们两个人拼命工作,为我提供了你们从未有过的机会。为此,我每天都心存感激。感谢帕特和大卫一直以来对我的支持和鼓励。

感谢弗朗西丝卡·斯卡布勒打电话给我，给我这个机会。感谢阿比盖尔·伯格斯特罗姆，我的作品经纪人，从一开始你就给我很多鼓舞。我很荣幸能与你们共事。

特别感谢我的经纪人扎拉·默多克，你是非常棒的导师，也是无所不能的超级英雄。感谢格蕾丝·尼克尔森，我们的"梦之队"因你而圆满，你让这一切成为可能。

感谢编辑约内·瓦尔德的耐心和友善，是你帮助我把原先的文本加工成一本让我引以为傲的书。感谢丹尼尔·邦亚德，是你在我的提案中发现闪光点，并鼓励我与企鹅出版集团合作。我也要感谢企鹅出版集团的艾莉·休斯、克莱尔·帕克、露西·霍尔、维琪·福迪、保拉·弗拉纳根、阿吉·拉塞尔、李·莫特利、贝丝·奥拉弗蒂、尼克·劳恩德斯、艾玛·亨德森和简·科比所做的幕后工作。

感谢阿曼达·哈迪和杰西卡·梅森，你们从一开始就为我加油，与企鹅出版集团合作的机会确实宝贵，但过程也比较辛苦，我难免会有怨言，而你们只是默默地听我倾诉，并没有评判我。感谢杰姬，在我对自己没信心的时候，是你直视我的眼睛告诉我，我本来就很好，并不需要行动来证明。

感谢这些年来我所服务过的来访者，我从你们每个人身上学到的东西比我教给你们的还要多，我很荣幸能与你们并肩走过一程。

感谢每一个关注我社交媒体账号的人。我们已经创建了一个温暖而卓越的社区。我希望这本书中所介绍的一些方法能帮助你们更好地面对生活。

我还要把掌声送给那些才华横溢的科学家，是你们的辛勤工作，在实证研究的基础上发展出各种心理疗法，让很多人受益。如果本书中对于心理学研究的转述有任何错误或遗漏，请允许我说声抱歉。